トリマーのための
ペットサロン
開業・経営マニュアル

サスティナコンサルティング 監修
ハッピー＊トリマー編集部 編

緑書房

contents

先輩オーナーにリサーチ！ 開業サロン訪問
オープンまでの流れをチェック！ …… 6

1 開業準備編 …… 27

- 開業したいと思ったら …… 28
- 商圏とマーケットを知る …… 30
- サロンに適した立地とは？ …… 32
- 出店候補地のリストアップ …… 34
- 市場調査のコツとポイント …… 36
- サロンのコンセプト決定 …… 38
- 開業資金はどうする？ …… 40
- 借り入れのための手続き …… 42
- 創業計画書の書き方 …… 44
- 収支計画とは …… 46
- テナント選びのポイント …… 52
- テナント契約 …… 54
- 自宅開業サロンの場合 …… 56

2 始動編 …… 59

- 店舗の間取りと配置 …… 60
- トリミングルームはどう作る？ …… 63
- 内外装工事のポイント …… 66
- 登録・届出 これだけは必要 …… 68

3 オープン準備編 …… 71

- 店舗運営用品をそろえよう …… 72
- 顧客カルテは機能的に …… 74
- スタッフの雇用～雇用までのポイント …… 76

4 オープン編 …… 103

- オープニング集客の大切さ …… 104
- 身だしなみと接客マナー …… 107
- 「売上高と経費」を理解する …… 110
- 「損益分岐点」を理解する …… 112
- 「帳簿」を付ける …… 114

5 売り上げアップ編 …… 117

- 経営パターンを把握する …… 118
- リピート率アップのためにできること …… 122
- やっておきたい販促物強化 …… 126
- ダイレクトメールを活用しよう …… 128
- 店内イベントやキャンペーン …… 130
- ペットホテルを併設するなら …… 133
- スタッフ教育でサロン力をアップ …… 136
- カウンセリングの重要性 …… 140

- 動物病院併設サロンの場合 …… 100
- 送迎サービスをするなら …… 98
- 仕入れと陳列のノウハウ …… 96
- メニューと料金、オプションメニュー …… 92
- ホームページの整備と強化 …… 88
- お客さまを呼び込む広告とチラシ …… 86
- 売り上げアップのためのマーケティング …… 84
- スタッフの雇用～雇用してからのポイント …… 81

- ペットサロン開業・経営お役立ち情報 …… 143
- シャンプーカタログ …… 155
- ツールカタログ …… 160

先輩オーナーにリサーチ！
開業サロン訪問

独立・開業の夢をかなえたトリマーさんが、
"マイサロン"を開くまでの道のりを大公開！
個性あふれるサロン作りのヒントを探りましょう。

File 01
「Dog Salon Silver Fang」

所在地＊東京都日野市
日野1109-6
アクセス＊多摩都市モノレール
「甲州街道」駅徒歩2分
広さ＊4坪
営業時間＊10:00〜19:00
定休日＊水曜日、第2火曜日
スタッフ＊オーナーと
チーフトリマー、トリマーの計3名
TEL＊042-583-6580
URL＊http://www.
silverfang-dog.com

→限られた面積のなかでも、トリミングスペースは広く感じる。2〜3人での作業もスムーズに行える。

「まずは貯金！」でサロン開業

トリミングスクール在学中からドッグショーでの経験を積んできたという森下祐樹さんがオーナーを務める「DogSalon SilverFang」。もともと独立開業への思いは強く、早い段階から準備を進めてきたのだという。

「とくに僕は男ですから、この仕事で食べていかないといけない。やはり開業するしかないと思いました」

スクール卒業後はシュナウザーの専門犬舎に住み込んで勉強を続けていたが、独立のための資金がなかなか貯められないことに悩んだ森下さんは、一念発起。自営で運送業を開始する。

「土日と祝日はその仕事が休みだったので、ショーへの参加は続けていました。3年くらいで最低限の資金を貯めることができたので、いよいよ開業に向けて動き出したんです」

開業までの着実な準備

開業にあたって、まず大事なポイントとなるのは場所選び。今の場所を選んだのは、幹線道路が近くを走り、交通の便も悪くなかったことが理由だった。しかしいちばんの決め手となったのは、近くに700世帯を有する「ペット飼育可」のマンションがあったこと。

「このマンションの存在は大きかったですね。入居者全員が犬を飼っているわけではありませんが、これから飼う人もいるでしょうし。ここだけで、今は100人くらいのお客さまがいるんです」

profile

森下祐樹

1981年・東京都生まれ。高校卒業後、セピア・ペットケアスクールで学び、JKCトリマーライセンス（A級）を取得。在学中よりシュナウザー専門犬舎にて修業、海外のドッグショーなどにも参加し、現在もグルーマーおよびハンドラーとしてショーチャレンジを続けている。2007年12月、東京都日野市に「Dog Salon Silver Fang」をオープン。2011年、JKC単犬種審査員資格を取得。

出店の場所が決まると、実際の開業準備へ。資金は必要最低限にとどめたので、あらゆる部分で工夫を重ねた。

「この建物自体、組み立て式のものを使いました。建材が届いたので、こちらで組み立てるので、かなり安く上がるんです！ 組み立ては大変でしたが、建築関係の仕事をしている友人に安い料金でやってもらったりしながら、無事に完成させることができました」

ほかにも、友人のつてで基礎工事を多少ディスカウントしてもらったり、外壁の塗装やウッドデッキ作りを手伝うなど、コスト節減に努めた

そう。

「作業しやすい明るさになるように、壁は白を基調に明るく。また、店内を広く見せるために大きな鏡を取り付けました。おかげで作業効率もかなり上がりましたね」

さらに森下さんの強い味方となっているのが、人生のパートナーでもあるチーフトリマーの伊藤智恵子さん。トリミングスクールの講師や大規模ペットサロンのチーフを務めたこともある伊藤さんの経験は、このサロンでも大いに役立っているという。

「僕の経験が足りない部分を、彼女

にカバーしてもらうこともよくあるんです。『いつかは一緒に独立』とは考えていましたから、それを見越していろんな経験を積んでもらった感じですね。とくに大きなお店のチーフをやっていたことは、彼女にとってもこのお店にとってもすごく糧になってると思います」

「SilverFang」に犬を一度出してみたところ、「こんなにきれいに仕上がるなんて！」と、ほかのサロンから乗り換える顧客も多いのだとか。そんな技術の確かさと、実務経験を含めたオープンまでの堅実な計画が、このサロンの強みなのだろう。

経営情報

▼資金繰り（開業時の資金）
自己資金（400万円）＋国民生活金融公庫からの借り入れ（300万円）＝計700万円
「自営の宅配業で3年間働いていたことが、国民生活金融公庫の審査には有利だったと思います。もっと借りられたようですが、返済のことを考えてこの程度にしておきました」

▼設備投資、什器代
設備投資：約400万円
（建物の建材費・建築費含む）
「建物自体は、組み立て式の建材を使いました。時間はかかってしまいましたが、業者に頼むよりも確実に安くできたと思います」

設備・什器代：約100万円
「内装の棚やカーテンなどもすべて含めた金額です。外装同様、内装も手作りした部分が多いです」

▼仕入れ代（開業時費用）
仕入れ：約10万円
「シャンプーなどの消耗品は、いくつかの問屋さんから見積もりを取って、商品ごとに安いところから仕入れるようにしています」

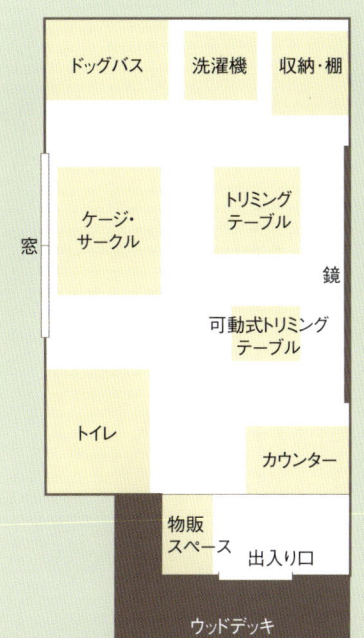

店内見取り図

- ドッグバス
- 洗濯機
- 収納・棚
- 窓
- ケージ・サークル
- トリミングテーブル
- 鏡
- 可動式トリミングテーブル
- トイレ
- カウンター
- 物販スペース
- 出入り口
- ウッドデッキ

↓サロンの入り口付近。入ってすぐの場所にカウンターを設置して、省スペースに役立てている。

↑店内に入ってすぐの壁には、トリミング後の犬の写真が飾られている。これを参考にしてカットをオーダーするお客さまも多い。
→物販用のスペースには、森下さんが気に入ったアイテムだけが置かれている。

File 02

「Diddy Anne」

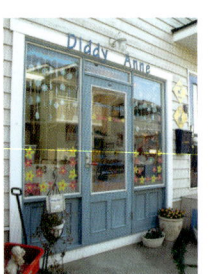

所在地＊神奈川県三浦郡葉山町堀内1444-4
アクセス＊JR「逗子」駅よりバス「向原」下車、徒歩3分
広さ＊5坪
営業時間＊10:00～18:00
定休日＊水曜・日曜日
スタッフ＊オーナーとトリマー3名の計4名
TEL＊046-854-5507
URL＊（ブログ）http://dog.pelogoo.com/diddy_anne1234/
（HP）http://www.diddy-anne.com

←知り合いのお店に置いているチラシ。ブログなどを見て来店するお客さまも増えているそう。

→3人が同時に作業しやすいように、余裕を持たせたスペースを意識した作りに。

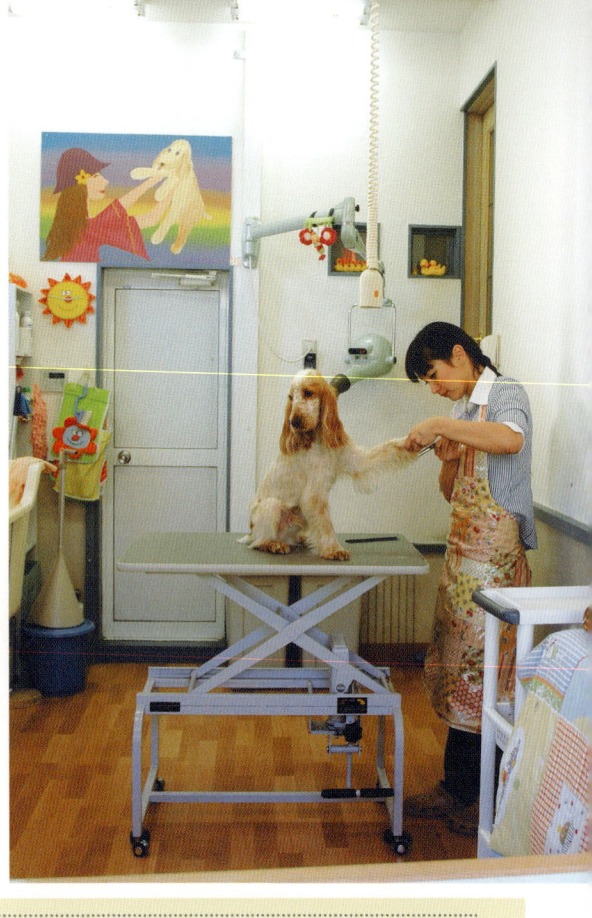

「地元で開業」を念願に理想の物件との出会い

海岸が近く穏やかな空気感あふれる街、神奈川県の葉山町にある「Diddy Anne」。まるで雑貨屋のようにキュートな雰囲気の同店は、5年ほど前にオーナーである安達杏梨さんが開業したトリミングサロン。安達さんは、生まれも育ちもこの葉山。1階が店舗、2階が住居という自宅開業スタイルだ。

「この街で開業すると決めて物件を探していたら、ちょうど前は雑貨屋だったというこの物件を見つけたんです。雰囲気も思っていたイメージに近いし、通り沿いにあって車も停められるので決めました。それで、自宅ごと引っ越してきたんです」

安達さんは、ペットショップでの見習いを経験し、トリミングスクールに入学。開業することは在学中から決めていたのだとか。

「愛犬が通院しているので、仕事をする時間を自由に決められることと、経済的な面を考えて開業しようと決めました」

こうして、スクール時代の同級生で

街の特徴に合った営業スタイル

現スタッフでもある沖永さんとともに、開業の準備を進めていったそう。

もともと雑貨屋だったというこの物件は、外装・内装ともにきれいな状態。しかも理想の雰囲気と似ていたこともあり、ほとんど改装はしなかったという。

開業にあたっていちばん苦労したことは、料金設定。近くのサロンのデータを集めて平均値を出したり、1頭にかかる時間を犬種別に計算し

profile

安達杏梨

神奈川県・葉山町で生まれ育つ。ペットショップで見習いとして働いた後、トリミングスクールに入学。卒業してすぐ、2008年3月3日に地元である葉山町で「Diddy Anne」をオープン。愛犬5頭（E・コッカー・スパニエル2頭、E・スプリンガー・スパニエル3頭）とともに、店舗の2階にある自宅で暮らす。

たりと、四苦八苦したそうだ。

こうしていざオープンへとこぎつけたが、近所などへのお知らせはほとんどしなかったという。

「この街の人は、口コミで動くことが多いみたいなんですよ。逆に派手に宣伝すると地元の人に受け入れられない場合もあって、表立ってチラシなどは配りませんでした」

葉山という街は、時間がゆったりと流れているような独特の雰囲気を持っている。キャンペーンなども行わず、スローペースでの営業がちょうどいいそうだ。

こうして、来店したお客さまによる口コミで、次第に常連客も増えていった。リピート率は高く、一度きりという人はほとんどいないという。オープンして1年足らずで、顧客の数は130にまで達したそうだ。

固定客が増えてきた現在は、スタッフ3人がうまく動けるような予約の組み方を工夫することが課題なのだとか。

温かみのある手製イラスト

店の外や店内に、かわいらしいイラストがたくさん飾られてあるのも目を引く。これらは、すべて安達さんの手描きによるもの。やわらかい色合いやタッチは、お店の雰囲気にマッチしている。

「ペンキや色鉛筆で描いてます。主にお客さまと犬とのやりとりを描いているつもりです」

また、お客さまへのメッセージが書かれたボードや自作の犬グッズなど、温かさあふれる店作りも特徴。近所の小学生もよく遊びに来るという。

「オープンして約6年が経ちましたが、慣れないことも多く確定申告などの時期は、今でもバタバタ(笑)。それでも地域のみなさんに受け入れられて営業ができていることはうれしいことですし、充実感があります ね。結婚してからも仕事を続けられるような環境を作っていきたいと思っています」

経営情報

▼資金繰り(開業時の資金)
自己資金200万円
「10年くらいアルバイトをして貯めたお金です。借金することもなく、貯金の範囲内で済みました」

▼設備投資、什器代
設備投資:約100万円
(建物の建材費・建築費含む)
「前は雑貨屋だった物件で、外装・内装はほとんどそのままの状態です」

設備・什器・仕入れ代:約100万円
「ドッグバスやトリミングテーブル、ハサミなどのこまごましたものは、開店とともに少しずつそろえていきました」

↑お店の外は、小さな庭をイメージしたかわいらしい飾り付け。手作りの温かみが感じられる。

店内見取り図

```
         扉
収納・棚
                    扉
窓
ドッグバス
           トリミング
           テーブル
窓
                    窓
                    ケージ
カウンター
              物販
              スペース
イス   出入り口
```

←↓安達さんの手描きのイラスト。描く犬は愛犬であるE・コッカーやE・スプリンガーにどうしても似てしまうと言う。

File 03

「ドッグサロン マフィン」

所在地＊埼玉県さいたま市浦和区岸町2-1-24
アクセス＊JR「浦和」駅より徒歩10分
広さ＊5坪
営業時間＊10:00〜19:00
定休日＊木曜日
スタッフ＊オーナーとトリマー1名の計2名
TEL＊048-822-1113

→白い壁で囲まれた明るいトリミングルーム。大きな窓があり、外からも室内の様子がよく見える。

前のオーナーから引き継いでリニューアル

近所には小学校があり、子どもたちの元気な声が響くアットホームな住宅街にある「ドッグサロン マフィン」。学校帰りの小学生が、次々とサロンの様子を窓から覗いていく。「下校時間はいつもこうなんです」と言って笑うのは、オーナーの藍野真佐恵さん。

このサロンは、もともとほかの人が開業・経営していて、藍野さんが6年ほど前に引き継ぎ、お店の名前を変えて再オープンした。

それまでは、自宅でフリートリマーとして約10年間働いていたと言う藍野さん。相当数の顧客を確保していたものの、「もっと顧客を増やしたい。でも自宅でやるには限界がある」と感じていたそう。

そんなとき、知り合いの問屋を通して「あるサロンのオーナーがお店を引き継いでくれる人を探している」という話を聞いたのだとか。「以前から自分のお店を持ちたいという希望があったんです。でも、開業できるほどのお金がまだ貯まっていなくて。このタイミングで話がきたので、私にとってはとてもラッキーだったんですよ」

その物件は築40年と古いため家賃も安く、自宅とお店の両方の賃料を払ってもやっていけると判断。そして、自宅から車で10分という立地で、フリー時代の顧客にも変わらず利用してもらえることも、引き継ぐ決断を促した要素だったという。

設備もそのまま利用してコスト削減

以前もペットサロンとして営業していたため、引き継いだ時点で必要な設備はそろった状態だった。外装や内装にもほとんど手を加えていないので、コストもほとんどかからなかったそう。

「フリー時代のお客さまのほとんどが、今もお店を利用してくれています。以前のお店の顧客と合わせると、数はけっこう増えましたね。料金はフリーのときに近付けてちょっと上げたんです。以前からお店を利用していたお客さまには、料金が上がっ

profile

藍野真佐恵

埼玉県出身。ヴィヴィッドグルーミングスクールでトリミングを学び、卒業後はサロンに勤務。その後、自宅でフリートリマーとして10年ほど働く。そのあいだ、スクールのプロコースに通い、JKCトリマーライセンス(A級)を取得。2008年、自宅からほど近い埼玉・浦和にあるペットサロンを引き継ぎ、「ドッグサロン マフィン」と改名。現在、ドッグショーやトリミング競技会にも精力的に参加している。

た分を仕上がりで感じてもらえるようにがんばりました（笑）。オーナーになってみると、フリーでやっていたときとは多くの違いがあったと言う。

「フリー時代はほとんどのお客さまが送迎利用で、朝に犬を迎えに行って終わったら送っていくというスタンスでした。自宅でひとりで働いていたので、自分で都合良く時間の配分もできたんです。でも今はお店だから、直接来店する方もいますし、お渡しの時間を指定されることもあるので大変でしたね。それに、シャンプーをしているときに電話が鳴ったり来店があったりと、同時に対応しなければならなくて、最初は目が回りそうでした。でもそのお陰で、効率良く動くという意識が働いたと思います」

サロンワークとドッグ・ショーを両立

サロンで働くかたわらトリミングスクールのプロコースに通い、ドッグショーに月1回程度出陳し、さらにはトリミング競技会にも定期的に参加していると言う藍野さん。愛犬の『創』をパートナーとしてコンテストなどに出場してきたという。

顧客の増加に伴って、常勤スタッフ1名を採用して、より良いサロン作りを目指して奮闘中だ。

「固定客を大事にしながら、新しいお客さまにも来店していただけるよう喜ばれる接客や技術を提供していけるようなサロンを作っていかなければならないと思っています。開業して何年経っても、お店を良くするためにスタッフと力を合わせて、お客さまに喜ばれる接客や技術を提供していけるように努力し続けたいと思っています」

経営情報

▼資金繰り（開業時の資金）
不動産屋さんからの借金200万円
「前のオーナーが、この物件を紹介してくれた知り合いの不動産関係の方に立て替えてもらったみたいです」

▼設備投資、什器代
設備投資：約150万円
（建物の建材費・建築費含む）
「私が引き継いだときは、そっくりそのまま利用したので、費用はあまりかかっていません」

什器・仕入れ代：約50万円
「前のオーナーが開業したときに買ったのはシンクくらいで、ドライヤーなどは持っていたそうです。私が引き継いでからは、エアコンを業務用にしたくらいで、ほとんど変えていません」

↑棚置きと吊るすタイプの物販スペース。「自分の愛犬に使いたい」と思える商品をそろえているという。

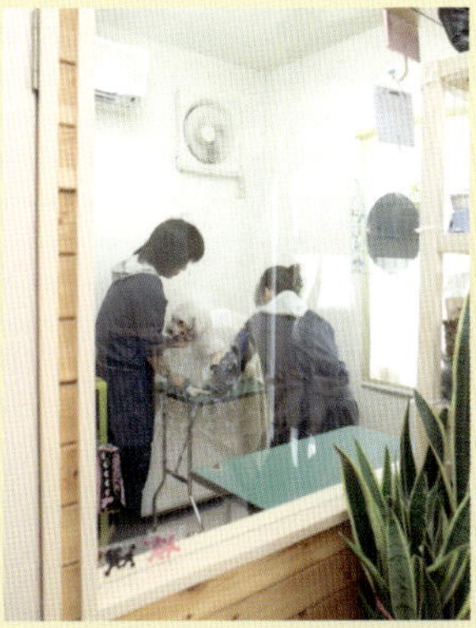

→物販スペースとトリミングルームの仕切りに大きな窓があり、開放的な雰囲気。

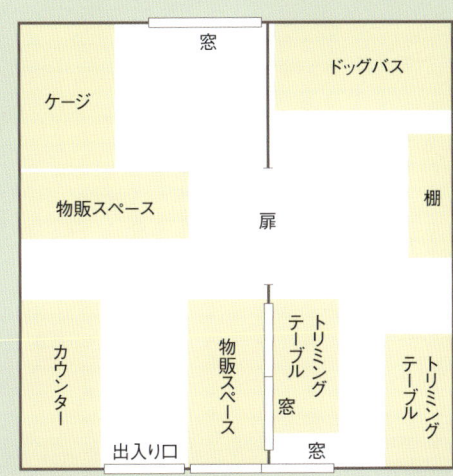

→藍野さんの愛犬で、お店の名前にもなっているM・プードルの『マフィン』（左）と『静尾』（シー・ズー／中央）と『創』（T・プードル／右）。看板犬として、一緒に出勤している。

店内見取り図

```
┌─────────┬────窓────┬─────────┐
│         │          │ドッグバス│
│ ケージ  │          │         │
│         │          ├─────────┤
├─────────┤          │         │
│         │   扉     │  棚     │
│物販     │          │         │
│スペース │          │         │
│         │          │         │
├─────────┤          ├────┬────┤
│         │          │トリ│    │
│         │          │ミン│トリ│
│カウンター│物販    │グテ│ミン│
│         │スペース  │ーブ│グテ│
│         │          │ル  │ーブ│
│         │          │    │ル  │
│         ├出入り口──┤窓  │窓  │
└─────────┴──────────┴────┴────┘
```

File 04

「ドッグサロン タロイモ」

所在地＊神奈川県横浜市旭区笹野台1-7-9
アクセス＊相模鉄道「三ツ境」駅より徒歩5分
広さ＊9坪
営業時間＊10:00〜18:00
定休日＊月曜日
スタッフ＊オーナーとトリマー2名の計3名
TEL＊045-392-1915
URL＊http://www.taroimo.jp

←電柱広告は、駅から店舗に向かう途中に2つ設置している。

←リニューアルの際に作ったクーポン付きのダイレクトメール。

→店舗の出入り口を通して、外からも見えるように設計したトリミングスペース。

一軒家を購入し、改装してオープン

アットホームな商店街を抜けた住宅街の一角にある「ドッグサロン タロイモ」。3階建ての一軒家の1階部分が店舗になっている、自宅開業スタイルのお店だ。

オーナーである山本晃子さんは、結婚した1年後にこの物件を購入して引っ越し、家の一部を改装して2001年に同店をオープンした。

「開業するなら自宅がいいとずっと思っていたんです。この地域にフリー時代のお客さまが多かったので、場所はこの辺りと決めて一軒家の物件を探しました」

改装工事は、不動産会社を通して紹介された業者に依頼。もともと住居スペースだった1階をサロン用に改装した。

「でも、駐車場の奥に店がある状態で、通行する方からはわかりにくいような気がしていたんです。最初からこの物件は不十分なつくりだなとは思っていたので、オープン5年目をめどにさらに改装するつもりでした」

オープン5年目で再改装

profile
山本晃子

東京都出身。大学を卒業後、トリミングスクールで2年間学ぶ。卒業後、さらにスクールの専門科に2年間通うあいだに、JKCトリマーライセンス（A級）を取得する。その後結婚して自宅（一軒家）を購入。その1階を改装して、2001年に「ドッグサロン タロイモ」をオープンする。2005年には、さらに駐車場スペースを改装して店舗を広げ、リニューアルオープン。

現状の広さでは限界があると感じていた山本さんは、当初の予定通りオープンから5年目で再改装に踏み切った。改装により開業時の約2倍の広さになったことで、それまでは作れなかった物販スペースを確保することができ、ドッグバスもひとつ増えるなど、大幅にグレードアップしたのだ。

「リニューアルしてから、顧客の数

も売り上げもぐんと上がりました。ドッグバスが2つになって回転率が上がりましたし、スタッフも経験を積んできていたので作業も早いし、いいことづくめでしたね」

また、開業当初からドッグショーにたびたび出陳していた山本さんは、オープンして2年後にはT・プードルのブリーディングを開始。お店は犬舎も兼ねるようになった。

ホームページと電柱広告を活用

リニューアル時にはダイレクトメールを使ったが、開業時はあまり宣伝はしなかったそう。それでも顧客が順調に増えていったのは、フリー時代の顧客からの口コミやホームページの効果が大きかったのだとか。

また、電柱広告も開業当初から行っていたアピールの方法だという。

「作成には2万円ほどかかりましたけど、月々の費用は1800円とすごく安いんですよ」

今後もさらに店の拡大を考えていると言う山本さん。

「メインをブリーディングにするかトリミングにするかによりますが、将来どうするか、つねに将来の展望を考えて行動することが大事ですよね」

経営情報

【開業時】
▼資金繰り
自己資金（60万円）＋国民生活金融公庫からの借り入れ（400万円）
＝計460万円

「私は当時アルバイトだったのでこれだけのお金を貸してもらうには苦労して、主人と父親の2人に保証人になってもらいました」

▼設備投資、什器代
設備投資：約400万円（建物の建材費・建築費含む）

「一軒家を購入して、1階の部屋の部分を改装しました。建て売りで、もともと決まっていたプランを変更してもらったので、あまり大きな改装はできませんでした。水道管を引いたり、壁を外したり、全部特注で施工しました」

什器・仕入れ代：約5万円

「フリー時代のものを使ったりしたので、最初にかかったのはシャンプーなどの費用くらいですね」

【リニューアル時】
▼資金繰り
自己資金400万円

「開業した当初から5年目でリニューアルするつもりだったので、コツコツ貯めていました」

▼設備投資、什器代
設備投資：約350万円（建物の建材費・建築費含む）

「『防音室』という、音響の会社が作ったペット用のものを60万円で購入しました。住宅街なので犬の鳴き声が迷惑かなと思っていて、ずっと入れたかったんです」

什器・仕入れ代：約30万円

「物販スペースが広くなった分、ウエアやフードも多く置くようになったので、仕入れ代はアップしました」

↓物販スペースにはウエアやドッグフードが並ぶほか、ドッグショーに出陳したときの写真も飾られている。

店内見取り図

←T・プードルのブリーディングも行っている。写真は1カ月の子犬（左／シルバー、右／ブルー）。

File 05 「LOGSH」

所在地＊千葉県八千代市大和田新田1035
アクセス＊東葉高速鉄道東葉高速線「八千代緑が丘」駅より徒歩10分
広さ＊15坪　営業時間＊10:30〜20:00　定休日＊水曜日
スタッフ＊オーナーとトリマー1名の計2名
TEL＊047-458-0694

→店頭には、お客さまに自信を持ってお勧めできるものをセレクトして置いている。

少ない資金で上手にやりくりを

国道沿いに位置し、車でのアクセスが便利な「LOGSH」。最寄りの駅前には大型ショッピング施設や集合住宅があるなど、開業には適した好立地である。

「この街が地元ということと、トリミングスクール在学中から自宅でご近所の犬をトリミングしていたので、店を構えるならこの辺りがいいなと思っていました。この物件は自分の足で探し出したんです」と語るのは、オーナーの渡邊充廣さん。

理想の物件と巡り合い、同店をオープンさせたのが2009年の1月。22歳という若さから、開業までにはさまざまな苦労があったという。

「いつかは開業したいと思っていましたから、学生時代から貯金をしていました。銀行からの借り入れのときも、22歳という年齢がネックになったのか、なかなか審査に通りませんでした」

出店場所が決まると、いよいよ開業の準備へ。改装費を低コストで抑えるため、できることは自分で行ったそう。

「お客さまの目に付く接客スペースと電気や水周りなど、どうしても自分ではできないところだけを業者に頼みました。トリミングスペースや外壁は自分で塗装して、最低限のコストに抑えました」

店内の棚も自分で購入した材料で組み立てたり、カルテやパンフレットも手作りするなど、至るところでコストの削減に努めた。

profile

渡邊充廣

1986年・千葉県生まれ。中学生のころからジュニアハンドラーとして経験を積み、その後ブリーダーのもとで勉強に励む。高校卒業後はスカイグルーミングスクールへ入学し、同時に自宅でのトリミングを開始。2009年1月に「LOGSH」をオープンさせた。現在、パピヨンとT・プードルのブリーディングも手がけている。

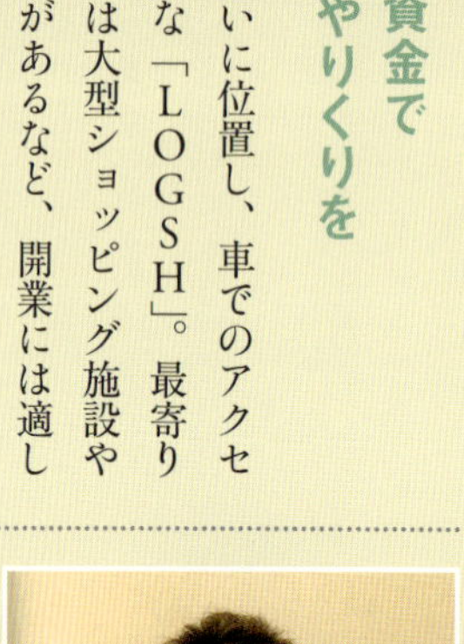

"量より質"で他店と差別化

オープンから5年が経つ現在、常連のお客さまはもちろん、新規客も続々と訪れるという人気店にまでのぼりつめた。しかし、驚くことに宣伝はほとんど行っていないのだという。

「ありがたいことに、自宅でトリミングしていたころに店をオープンしてからも、お客さまの口コミだけで店の名前が広まっていきました」

飼い主さん同士の会話から人気が広まったというだけに、接客中はお客さまの反応をよく見ているそう。

「以前にエサという言葉を使ったら、お客さまの表情が一瞬で変わってしまって。みなさんペットとは家族として暮らしているので、それからはごはんと言い換えるようにしました。そういった小さな反応も見逃さないようにしています」

また、店頭には信頼するメーカーの商品だけを置き、すべて事前に試してみるという徹底ぶりだ。

「フードやシャンプー剤など、犬の体に直接ふれるものはとくに気を付けています。試食したり原材料を調べたりもします。自分で得た情報だからお客さまにも安心して勧められるんですね。なかには高い価格設定のフードもあるのですが、その良さをきちんと説明すれば、お客さまも納得してくださいます」

"量より質"で他店との差別化を図りたい」と語る渡邊さんに、今後の経営方針について聞いた。

「トリミングだけでなく、出張トレーニングやドッグショーなどにも力を入れたいので、自分が店を空けても安心して任せられる人材を育てていきたいです。現在の目標は東京進出！スタッフと一緒にがんばっていきたいですね」

経営情報

▼資金繰り（開店時の資金）
自己資金（90万円）＋銀行からの借入（300万円）＝計390万円

「ちょうどアメリカの金融危機と時期が重なり、銀行の審査が厳しかったですね。父親に保証人になってもらい、どうにかこの金額を借りることができました」

▼設備投資、什器代
設備投資：約130万円
（建物の建材費・建築費含む）

「外装は自分で塗って、必要最低限のものだけを業者に頼みました。備品もホームセンターで購入し、自分で組み立てたので安く済みましたね」

什器・仕入れ代：約190万円

「開業したら、業務用のドライヤーを絶対に入れたかったんです。取り扱うシャンプーの種類も増やしたかったので、シャンプー代だけでも20万円くらい。生体販売も始めるつもりだったので、ブリーディングのための子犬も購入しました」

店内見取り図

```
                  裏口
          ┌──────────────┐
          │   ドッグバス    │
          │              │事務
          │    ケージ     │スペース
          │              │     窓
          │   カーテン    │
          │トリミング トリミング│
          │テーブル テーブル│  扉
          │              │
  犬用    │    ケージ     │
 フリー   │              │
 スペース  │         カウンター│
          │              │
          │      テーブル  │
          │物販       ソファ│  窓
          │スペース        │
          └──────────────┘
              出入り口
```

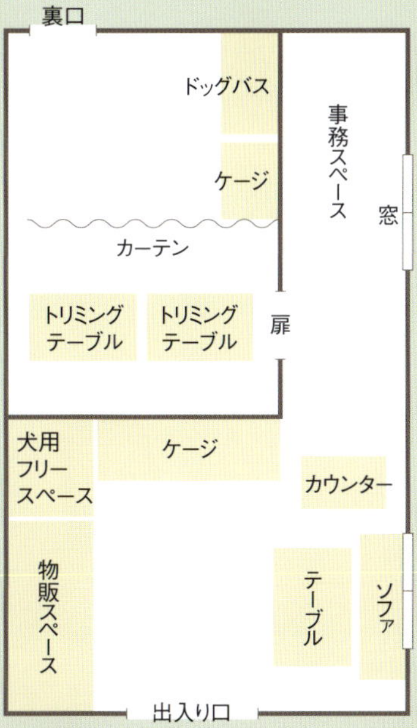

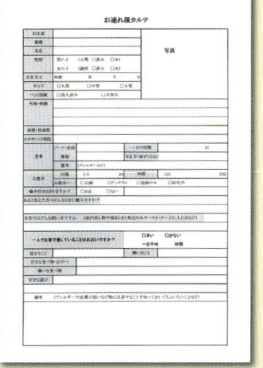

↑店のロゴは知り合いに頼み、そのほかはすべてオリジナルで作成したというチラシ。
→オリジナルで作成したカルテ。ふだんの様子がわかるよう、お客さまにはできるだけ詳しく書いてもらうようにしている。

File 06

「Loco Dog Salon」

所在地＊埼玉県ふじみ野市
中福岡196-11
アクセス＊東武東上線「上福岡」駅
より徒歩20分
広さ＊20坪（1階の店舗スペースのみ）
営業時間＊10:00〜18:00
定休日＊月曜日
スタッフ＊オーナー兼トリマー1名
TEL＊049-267-3043
URL＊
http://www.locodogsalon.jp

←土屋さんがパソコンのスキルを生かして作成したオープン時のお知らせのチラシ。

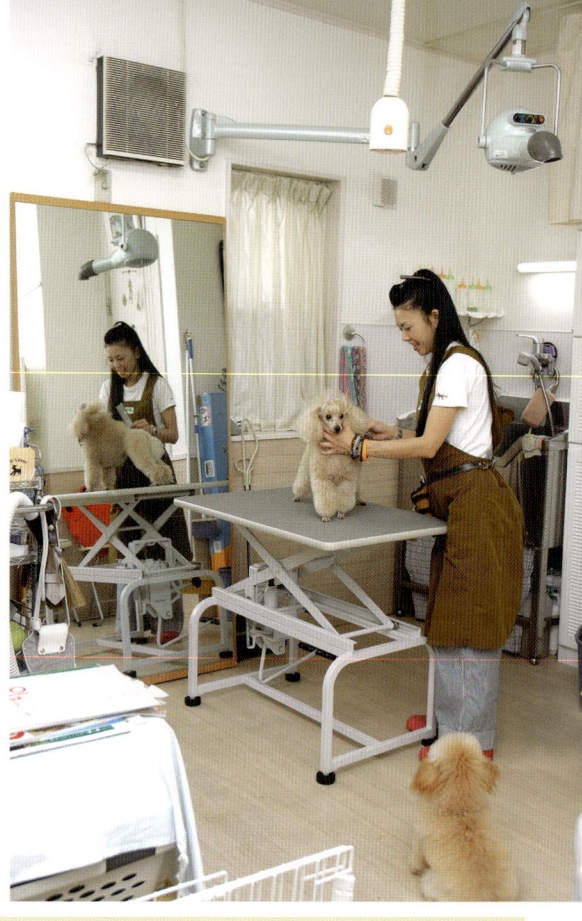

→作業するには十分なスペースが確保できる。

一軒家を建てちゃいました！

埼玉県・上福岡の、のどかな住宅地にある「Loco Dog Salon」。お店の向かいには中学校があり、周りは田んぼに囲まれているなど、まさにローカル感あふれる土地柄。同店は3階建ての一軒家の1階が店舗スペースで2〜3階は住居という自宅開業型だ。
「ここは私の地元で、両親もこの土地で長年自営業をしているんです。そういう家庭で育ったから、働くならいつかは自営業に、と決めていました」と話すのは、オーナーである土屋真弓さん。

地元であるこの地域でお店を始めようと決めてから、1年近く地道に物件を探していたと言う土屋さん。ある日、知り合いのつてで出会った不動産で紹介された物件が、現在のもの。中学校の目の前という好立地だった。しかし、その物件はとても古かったため、「いっそのこと、家を建て直そう！」と一念発起。住居としても使うために広さが必要と判断し、3階建てにすることにして、2007年1月に家が完成し、

会社勤めの強みを利用

1階部分でお店をオープンさせた。

土屋さんは、少し変わった経歴の持ち主。以前は会社勤めで、17年間パソコン関係の仕事をしていたという。在職中にトリマーへの転職を決意し、働きながらトリミングスクールに通って開業に至った。17年のキャリアを生かしたパソコンスキルは、開業してからも役立っ

profile

土屋真弓

埼玉県出身。システムエンジニアとして会社に勤務しながらトリミングスクールに通う。その後スクールのビジネスコースに進学して開業を目指す。そして、17年勤めた会社を退職し、トリマーとして本格的に始動。2007年1月、地元である埼玉県ふじみ野市にショップ兼自宅の3階建ての一軒家を建てる。

経営情報

▼資金繰り（開業時の資金）
国民生活金融公庫からの借り入れ：
計300万円

「会社員時代の貯金はなるべく残しておきたかったので、全額ローンを組んだんです。会社に勤めているときに組んでおきました」

▼設備投資、什器代
（1階の店舗スペースのみ）
設備投資：約270万円
（建物の建材費・建築費含む）

「店内の仕様は、ほとんど自分で考えました。床を滑りにくいクッションフロアにしたり、ペット用にするのにはけっこうお金がかかりましたね」

什器・仕入れ代：約20万円

「トリマーを目指した当初からいつかはお店を開くと決めていたので、少しずつ買いそろえていました」

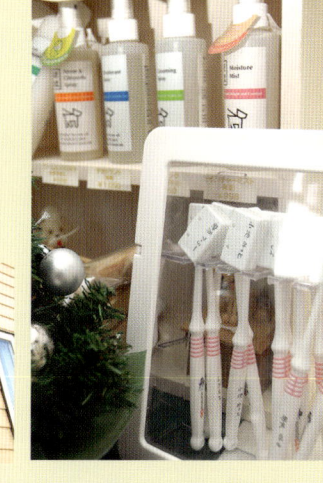

→犬の「歯ブラシキープ」を実施。見た目もかわいく、お客さまにも好評なのだとか。
→土屋さんがデザインしたお店の看板。

ているそう。ロゴのデザインやチラシの作成、さらにホームページの制作まで、パソコンを利用できるものはすべて自分で作ったと言う。

「ローンを組むほうが有利なので、在職中に組んだほうが有利なので、会社を大いに利用しちゃいましたね（笑）

経営に関しては簿記の資格を持っていたため、あまり抵抗はなかったそう。しかも実家が自営業で、帳簿を付けるのを手伝ったことがあるという経験も力になったのだとか。

"地元出身"で信頼度アップ

とにかく"地域密着型"がモットーという同店。外装やロゴで使用している色にもその心意気がうかがえる。建物の外装は、「周囲の田んぼの色となじむように」と薄い黄色をチョイスし、屋根も緑に。ロゴの配色も黄色と緑でデザインし、自然の風景に溶け込む色合いを心がけたのだとか。

オープンしたときは、特別大きな宣伝はしなかったと言う土屋さん。なるべくお客さまとコミュニケーションを取り、トリミングや犬の健康に関するアドバイスをするなど、ペットの生活を総合的にサポートしているそう。

中学校の正門前という立地のため、生徒たちから親に「ペットサロンができたらしい」と伝わっていったそうだ。

「あと、知り合いが近くにある大きな公園で、ペット連れの人にサロンのオープンを教えてくれたみたいで。お客さまには『地元出身』ということで信頼してもらいやすかったです」

「今後は、複合型の店舗にしたいという思いがあります。ドッグカフェやドッグラン、動物病院なども併設されているような。この地域の人たちにとって、ペットと言えばここ！という場所になっていきたいですね」

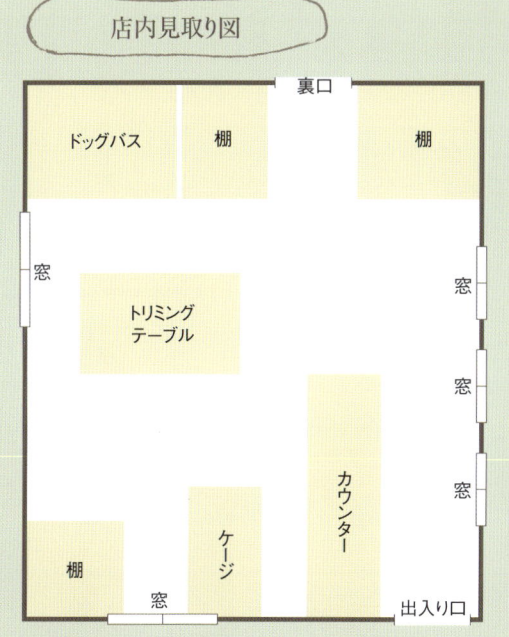

店内見取り図

（ドッグバス、棚、棚、裏口、窓、トリミングテーブル、窓、窓、カウンター、ケージ、棚、窓、出入り口）

File 07
「ANIER -Dog Grooming Room-」

所在地＊東京都大田区久が原5-30-7
アクセス＊東急池上線「千鳥町」駅より徒歩8分
広さ＊5.25坪（店舗スペースのみ）
営業時間＊10:00〜18:30
定休日＊火曜日
スタッフ＊オーナーとトリマー1名の計2名
TEL＊03-3753-4111
URL＊http://anier.net

←オープン時に配布したチラシは須藤さんが自作したもの。

→作業の動線を考えて機材や什器を配置。スムーズな動きができるように工夫している。

入念なリサーチで理想のサロンを実現

戸建て住宅が建ち並ぶ、落ち着いた雰囲気の住宅街にある「ANIER -Dog Grooming Room-」。オーナーの須藤玲奈さんが「親しみやすく、清潔感のあるショップを目指しました」と語る同店は、自宅1階の一部を店舗スペースとした自宅開業型のトリミングサロンだ。

ヤマザキ動物専門学校で動物看護を学び、卒業後はそのまま同校に就職して秘書として働いていたという須藤さん。「いつかは犬と直接ふれ合う仕事を」と思っていたそうだが、開業は突然決まったことだという。

「もともとこの土地に住んでいて、あるとき家を建て直すことになったんです。そのときに開業の話が持ち上がりました」

学生時代から自宅で近所の犬をトリミングしていたこともあり、開業する場所が地元なのは好都合だったそう。

こうして2007年10月に開業を決意し、翌年8月にオープン。須藤さんは、当時はまだ専門学校を退職していなかったため、休日や朝晩を開業準備に費やす〝二足のわらじ〟状態だったという。

「ハードなスケジュールでしたが、メーカーの集まる展示会などに行って仕入れる機材や商品を検討するのは楽しかったです。実際の施工時は、私はもちろん、建築会社もペットサロンを作るのが初めてだったようで、なかなか苦労しましたね」

また、店作りの参考のために、友人が働いているサロンなどにお願い

profile

須藤玲奈

東京都出身。ヤマザキ動物専門学校を卒業後、同校に就職。学生時代から自宅での近所の犬のトリミングを行い、2008年8月在職中に住居兼ショップの一軒家を建てて店をオープンさせた。その後、2009年3月に6年間勤続した同校を退職。現在はオーナー兼トリマーとして仕事に取り組む。

して店内を見学させてもらったという須藤さん。

「『どんな什器を使っているか』、『グッズはどこから仕入れているか』、『使い勝手で困っていることは何か』など、たくさん教えていただいてとてもありがたかったです」

このリサーチをもとに、良いところを取り入れ、使いづらいところをフォローしながら、徐々に自分のお店のイメージを作り上げたという。

犬の散歩と口コミが宣伝活動

昔から長く住んでいて犬を飼っている家庭が多いというこの地域。宣伝は、飼い主同士の口コミによる力が大きいという。

「看板犬の『ルナ』（G・レトリーバー）を連れて近所を散歩するので、犬を飼っている顔見知りの方が多かったんです。そういう方々にはオープンのお知らせをしました。それと、以前からトリミングに来てくれている方が新たにお客さまを紹介してくださったり、口コミでかなり広まりましたね」

また、お店で預かっている犬を散歩に連れて行くことが、新規客の来店のきっかけになっているのだとか。

「多頭で連れて行くので目立つということもあるんですが、『預かった犬をきちんとお散歩させている』と

いう信頼感も得られたと思います。それに、親の代からこの地域に住んでいることもあって、近所の方がとても協力的なんですよね」

また、飼い主さんとコミュニケーションを図る機会が多いことは、情報交換ができたり飼育スタイルを把握できたりと、口コミ以外にもプラスの面があるそう。

「ウエアの色やオモチャの素材など、会話のなかから飼い主さんの好みがわかることも多いので、それを仕入れに生かすようにしています。散歩の途中で足を運んでおしゃべりできるような、お客さまとの距離が近いお店でありたいですね」

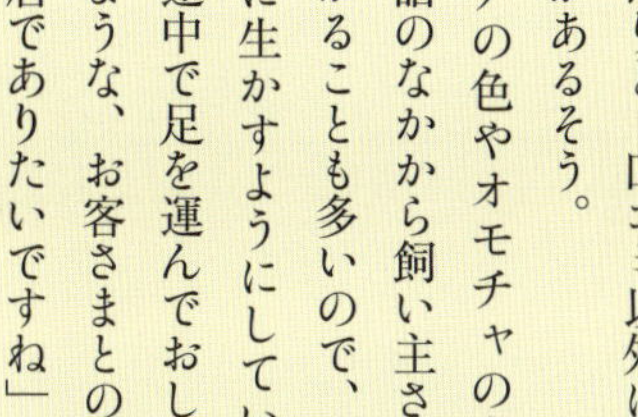

↑→ウエアやグッズは「高級感があるけれどリーズナブル」なものを中心にラインアップ。最近はお客さまの好みに合わせて仕入れている。

経営情報

▼資金繰り（開店時の資金）
銀行からの借り入れ（住宅ローン）：
約4,000万円

「専門学校に勤めているときに住宅ローンを組みました。勤続5年以上だとローンが組みやすいようで、すんなりと借りられました」

▼設備投資、什器代
住居＋店舗の総建築費：約3,000万円

「壁を防水加工のものにしたり、天吊りドライヤーに耐えられる天井にしてもらったりと、トリミングルームにはお金がかかったと思います」

什器・仕入れ代：約125万円

「トリミングテーブルやハサミなど最低限の道具しか持っていなかったので、ドッグバスやドライヤーなどの機材を一式入れることに。棚などの内装はリーズナブルなものにしました」

店内見取り図

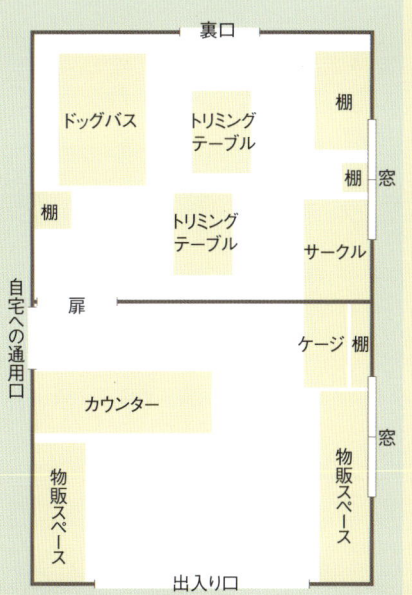

File 08
「Dog Salon LOOP'S」

所在地＊東京都品川区小山6-13-2
アクセス＊東急目黒線「西小山」駅より徒歩1分
広さ＊8坪
営業時間＊10:00〜19:00
定休日＊第2火曜・水曜日（年末年始変更あり）
スタッフ＊オーナー兼トリマー1名
TEL＊03-6452-3362
URL＊http://dogsalon-loops.com

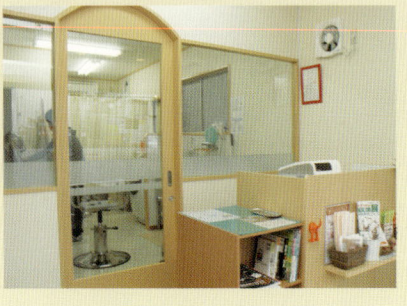

←トリミングルームを仕切るガラス窓のスペースをなるべく大きく取り、圧迫感を減らしたそう。

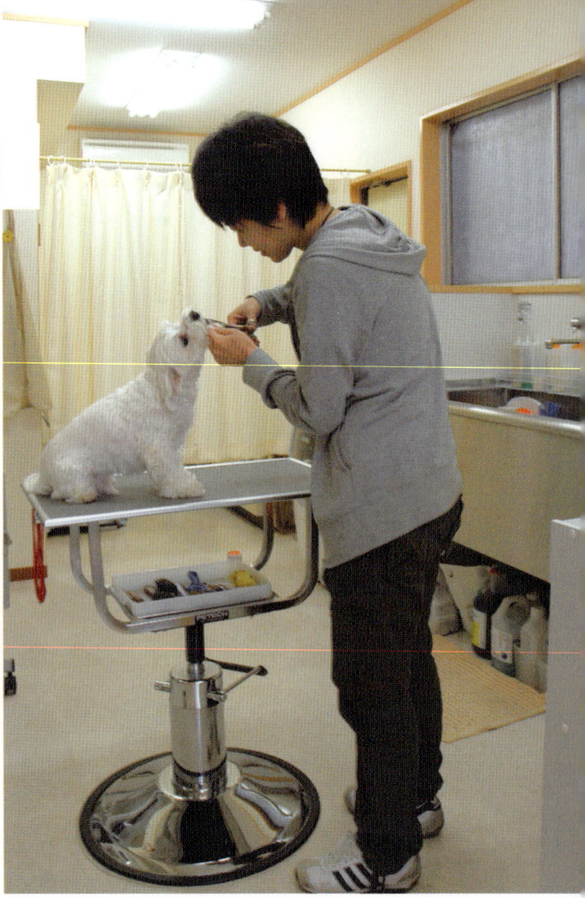

→身動きが自由にとれるほど広々としているトリミングルーム。

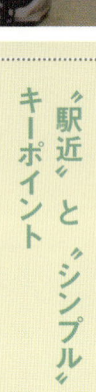

"駅近"と"シンプル"がキーポイント

東京・品川区のアットホームな商店街の一角にある「Dog Salon LOOP'S」。駅から徒歩1分とアクセスが良く、店舗付近にはいくつかのコインパーキングがある。

「これこそが、私がこの物件に決めたいちばんの理由なんです」と語るのは、オーナーの下石真規子さん。開業にあたって重視したのは電車でも車でも訪れやすい点だった。

「前職のときに私を指名してくださっていたお客さまがこの地域に多かったので、この辺りで開業したいと思っていました。物件探しには1年くらいかかると覚悟していましたが、2カ月で見つかったのはラッキーでしたね」

物件を見つけてからオープンに至るまで約5カ月。前の職場を退職したのは同店のオープン1カ月前だったため、短期間での準備には苦労も多かったようだ。

「資金の面では、銀行からの借り入れや審査など、不安がいっぱいでしょう。それに初めての開業ですから、何が正しいのかわからないまま、全部自分で決めていくというのは大変でしたね」

それでも、前職時代のお客さまを待たせないようにと、早期のオープンにこぎつけたという。

店舗設計は、誰でも気兼ねなく訪れやすいことをポイントにしたそう。

「お店の印象でお客さまを特定しすぎないように、最初はシンプルな作

profile

下石真規子

広島県出身。千葉グルーミングスクールを卒業後、トリミングサロンに就職。トリマーとしての腕をみがく。2003年、大手ペット用品メーカーに入社し、その直営店舗にて勤務。チーフトリマーとしてトリミングに携わるほか、ショップの運営全般に関わる。7年勤務の後退職し、2010年3月、東京・西小山にサロンをオープンさせた。

りを心がけたんです。壁の色はアイボリーを基調にして、棚などもナチュラルな雰囲気のものを選びました」と下石さん。

さらに、ひとりでも営業しやすいように、作業中も外の様子が見えて、レジやドッグバス、犬舎などすべてがトリミングテーブルと近くなるように設計したという。

自分のカラーがあるお店に

お店が駅から近く、人通りの多い場所なので、人目に付きやすいため、オープン時の宣伝活動はほとんどしなかったそう。

「オープン前に入り口に置いていたチラシを持っていってくれたり、『何のお店ができるの？』って直接聞かれることも多かったですね。この地域は犬を飼っているお宅が多いので、飼い主さん同士の会話からも広まったみたいです。サロンを長くやっていくためには、地域密着が大切だと思いました」

料金設定については悩むことも多かったという下石さん。

「他店と比べると少し高めかもしれません。料金が安ければ集客できるということはわかっているのですが、頭数をこなすことが目的ではなかったので……。一頭一頭大切に預かりたい、ちゃんと見てあげたいという気持ちを踏まえて設定しました」

来店してくれるお客さんに料金を還元する意味を込めて、ポイントカードは貯まりやすいように工夫したそう。ほかにも、さまざまなサービスを考案中だ。

また、これからは内装に手を加えたり、POPなどを充実させていくつもりなのだとか。

「前職でチラシや名刺、POPなどを制作していたので、基本的なテクニックは身に着いているつもりです。でも、逆にそのときの癖が抜けなくって（苦笑）。もっとオリジナリティーのあるお店にしていきたいですね」

経営情報

▼資金繰り（運転資金を含む）
自己資金＋銀行からの借り入れ:
約600万円

「開業のために貯金をしていました。賃貸物件ということもあり、借り入れ額は運転資金も含めて見積もりました」

▼設備投資、什器代
設備投資:約220万円

「店内の仕様は、他店を参考にしながら自分で考えました。明るく圧迫感のない作りを心がけました」

什器・仕入れ代:約150万円

「ドッグバスやトリミングテーブルなど、最低限の機材は一式購入しました。あと、どうしてもマイクロバブルを導入したかったので、その分お金がかかりましたね」

店内見取り図

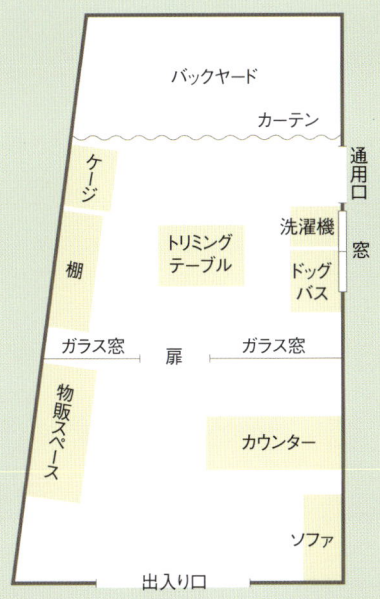

→→カウンターの下に配置した犬の水飲みスペース。利用する犬も多いよう。
→お店の前に置いている看板。アピールポイントをわかりやすくまとめている。

↓おやつは国産のもの、ケア用品は皮膚にやさしく安全なものを厳選して取りそろえている。

File 09 {動物病院併設サロン}

「トリミングサロン アラモード」

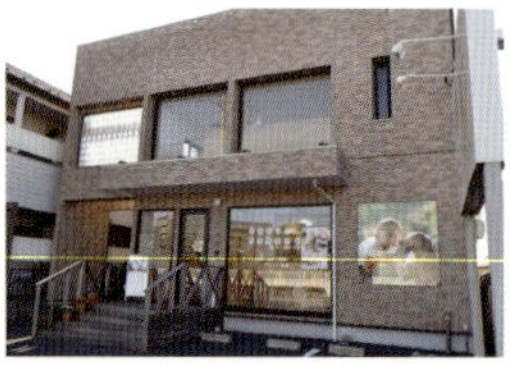

所在地＊千葉県流山市南流山1-21-8
アクセス＊JR武蔵野線、つくばエクスプレス「南流山」駅より徒歩7分
広さ＊約25坪　営業時間＊10:00～19:00　定休日＊なし
TEL＊04-7199-8457
URL＊http://www.ts-alamode.com/
スタッフ＊トリマー5名

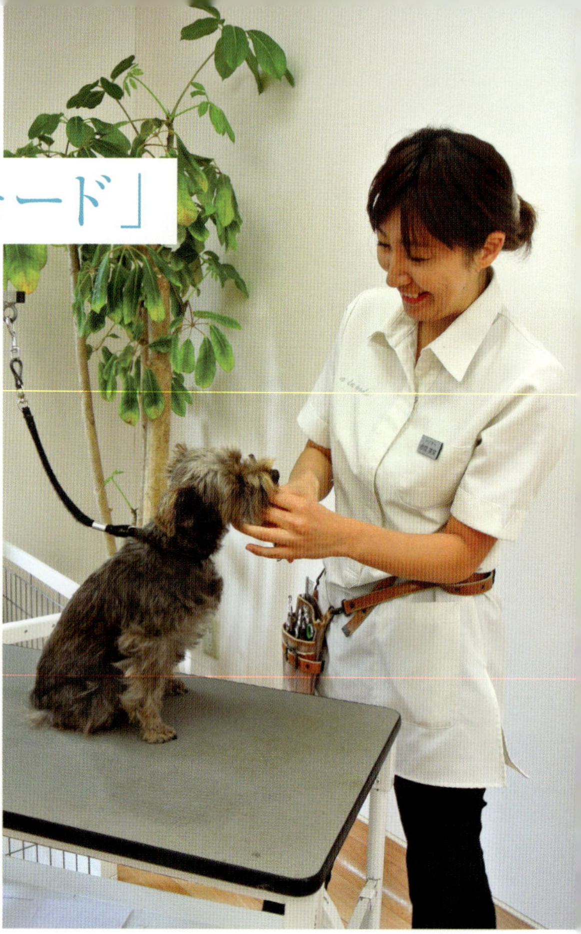

←動物病院のときの受付もそのまま利用している。

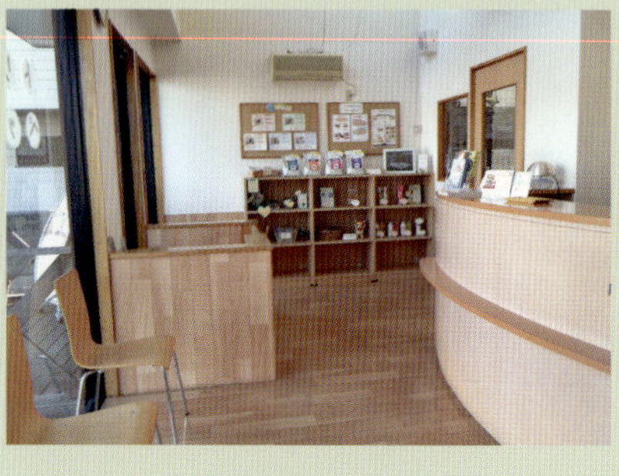

→動物病院併設のサロンの強みを生かし、健康に配慮したトリミングを心がけている。

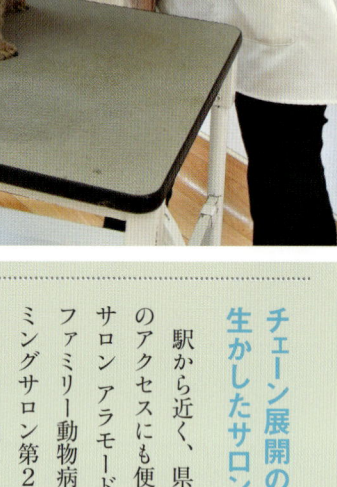

チェーン展開の強みを生かしたサロン作り

駅から近く、県道沿いにあり車でのアクセスにも便利な「トリミングサロン アラモード」。千葉県にあるファミリー動物病院グループのトリミングサロン第2号店として、併設サロンから独立する形で2008年5月にオープンした。

「もともとは動物病院があった建物をサロンにしました。そのためインテリアや間取りはあまり変えられませんでしたが、白い壁や解放的なフロアーなど清潔感が出るような雰囲気を大切にしています」と語るのは、南流山店のマネージャー兼トリマーである赤間美栄さん。ガラス張りの診察室だった場所はトリミングルームに、手術室はトリマーの休憩室に、と、それぞれの特徴を活用して使用している。予約頭数が多い日は、トリミングルームだけではなく受付奥のフリースペースにもトリミングテーブルを4～5台出してトリミングをするそう。

広々としたスペースで、お客さまに見えるトリミングを行う同店だが、「じつは見えない部分を大切にするよう心がけています」という赤間さん。サロンのオープンにあたって、周辺サロンの料金設定よりも少し高めに設定した。安さだけではなく、「ここのトリマーさんに次もお願いしたい」と思ってもらえるような技術と接客を徹底し、付加価値を高めているのだという。

「ほかのサロンより1000～2000円ほど高くした分、技術と接客の質を高めることによってお客

→お客さまに親しんでもらえるように渡しているトリマーの名刺。名刺をきっかけに盛り上がることも。

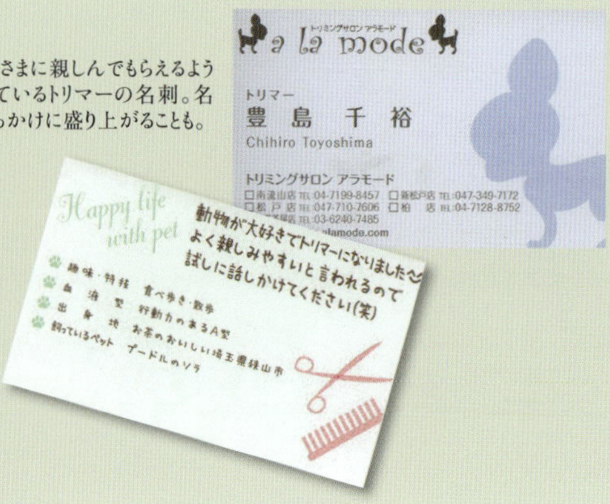

さまに還元しようという考え方です。それに、ほかのサロンより高い料金をいただいているという意識がトリマーにとっても良い刺激になっているみたいです」

企業の資金力を生かして精力的なPRを

動物病院の併設トリミングサロンとしてスタートした同店。その強みを生かして、オープン時には折り込みチラシを配布したり地域の新聞に出稿したり、積極的に宣伝したという。

「宣伝には力を入れました。専門業者にチラシのデザインをお願いして出稿時から今も通っているお客さまの数も多いという。ほかにはないていねいな接客とその技術力で、着実にお客さまの信頼を得ていったようだ。

また、人と人とのつながりを重視している同店ならではの取り組みとして挙げられるのが「コミュニケーションシート」の導入だ。担当トリマーがお客さまと話した内容をスタッフ全員が共有するためのシステムで、どのトリマーが接客しても会話が続くように工夫しているそう。

さらに一人ひとりのトリマーの趣味や出身地など、ちょっとした雑談のネタになるものが書かれた名刺を渡すようにしたという。

「これによって、担当したトリマーの名前を覚えてもらえ、指名が増えているということもありました。親近感を持ってくれるお客さまが多くなった気がします」

人とのコミュニケーションを大事にしたサロン作りには、お客さまに喜んでもらえるための工夫が散りばめられているようだ。

きちんとしたものを作ってもらったり、動物病院に来院するお客さまにもダイレクトメールを送ったり……。宣伝費用は惜しみなく使っていました」

認知度を高めるために"オープニングキャンペーン"も実施。初回50％オフという破格の料金でトリミングをしたという。

「10％引きだと目立たないかと思って、思い切って50％引きにしました。初回のみのサービスでしたが、そのインパクトでたくさんのお客さまにお店を知っていただくことができました」と赤間さん。実際、オープン時から今も通っているお客さまの数

経営情報

▼資金繰り（開店時の資金）
動物病院が負担：約230万円
建築建材費：0円
動物病院跡地を利用のため。

▼設備投資、什器代
設備投資：約20万円
「店内の仕様は変えられませんでしたが、看板を新しく作ってもらったりしました」
什器代：約180万円
広告費：約30万円
「オープン時にはチラシを20,000枚～30,000枚ほど配布。定期的に広告を出すことによってお客さまに知っていただきたいですね」

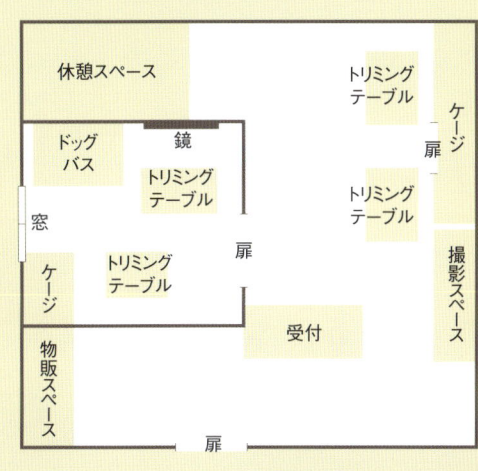

←定期的に折り込みチラシを配布しているそう。"50%OFF"が目立つようにレイアウトしている。

店内見取り図

休憩スペース		トリミングテーブル	
ドッグバス	鏡 トリミングテーブル	トリミングテーブル	ケージ 扉
窓	トリミングテーブル		
ケージ		受付	撮影スペース
物販スペース	扉		

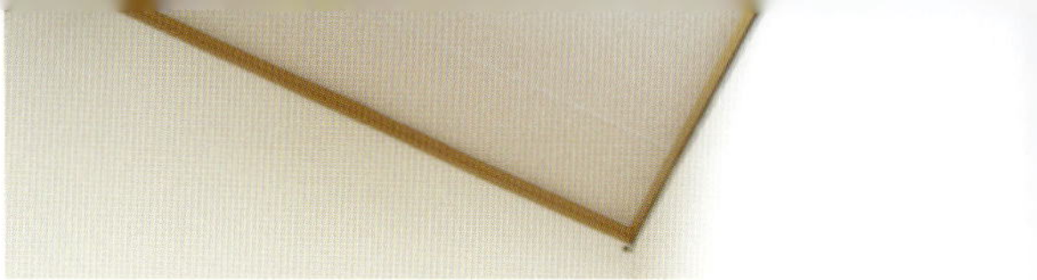

File 10 ｛動物病院併設サロン｝

「K-Wan スキンケアトリミングショップ」

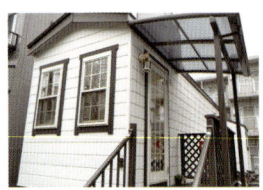

所在地＊千葉県市川市湊新田2-3-6
アクセス＊東京メトロ東西線「行徳」駅より徒歩5分
広さ＊7坪　営業時間＊10:00～19:00　定休日＊なし
スタッフ＊トリマー2名
TEL＊047-395-4935
URL＊http://www.kwan-trim.com/

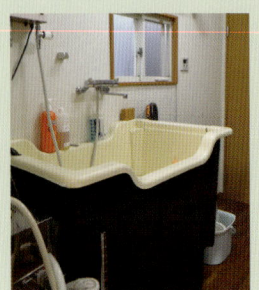

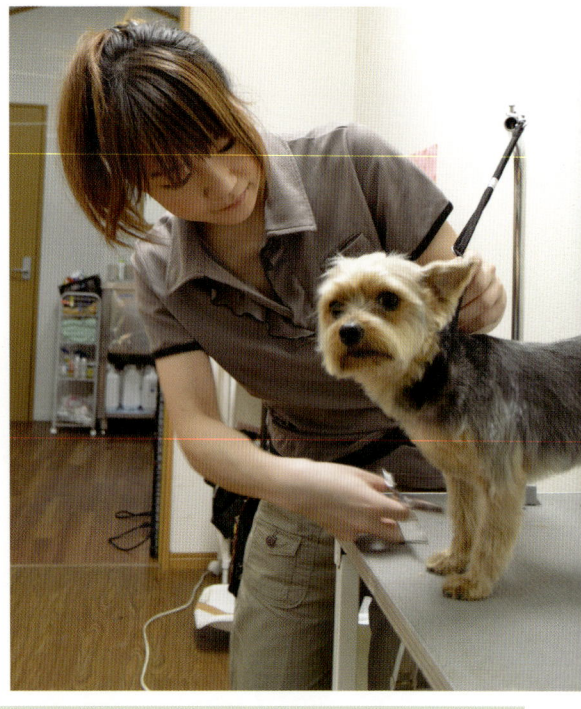

→トレーラーハウスを活用したトリミング・サロン。

←大型犬もしっかり浸かることができる深さのドッグバス。

コスパを考えて トレーラーハウスで開業

ペットショップやトリミング・サロンがまだあまりなかった、約20年前に開業した老舗サロン「K－Wan スキンケアトリミングショップ」。2012年11月に、1号店が入っていたテナントの取り壊しを機に、経営基盤の母体となる行徳どうぶつ病院のすぐ隣に移転、新規開業した。

「昔の店舗は、以前入っていた動物病院の居抜き物件で、内装や改装費を含めて500万ほどで開業しました。そのときのテナント料は月15万円ほど。2011年に移転した現在のサロンでは、定期的にかかるコストや固定資産税などがかかることを加味してトレーラーハウスを購入しました」と語るのは、行徳どうぶつ病院獣医グループ事務長の河邊大輔さん。

内装や外装だけではなく月々にかかる固定費をなるべく抑えるためには、どのような形態のトリミングサロンがふさわしいのか検討したそう。

「トレーラーハウスはある程度の広さがあって使い勝手の良いように改装でき、しかも固定資産税と月々の維持費が安く済むんです。それに車扱いになるのでコストパフォーマンスが良かったんですよね。千葉という土地柄、震災があった場合に液状化現象が起こりやすく、建物によっては営業が難しくなることもあります。地震の際でも影響が少なく済むというポイントにも背中を押されました」

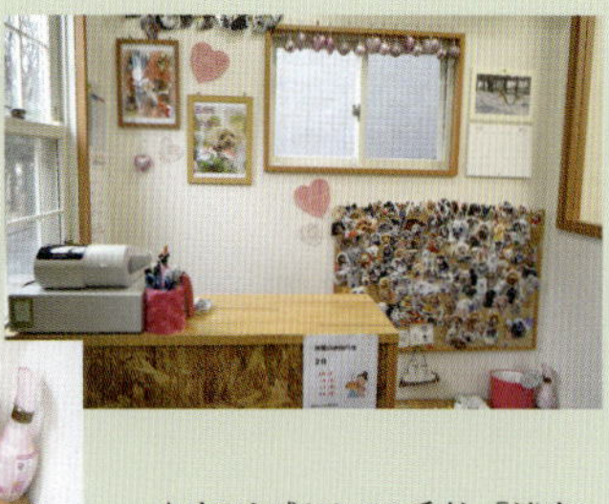

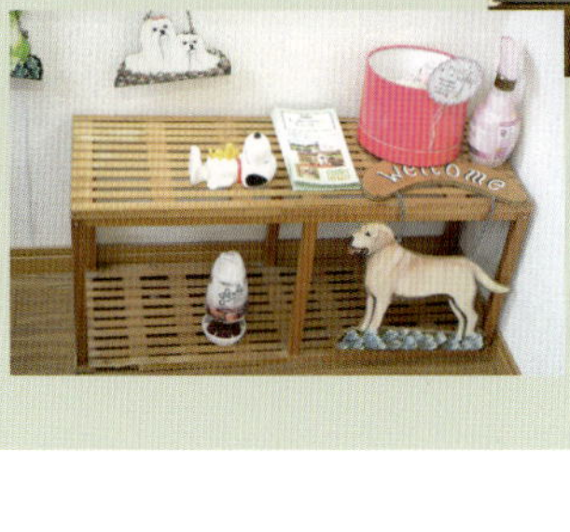

←↑広さを感じさせる受付。「消臭には力を入れているので、待ち合いスペースにも香りグッズを置くようにしています」

プラスαのサービス

移転前の開業時と大きく違ったのは、「きちんとしたイメージをお客さまに周知させること」。時代の流れも大きく変わり、競合店も増えて来たという背景を考慮して、コストを抑えた宣伝活動をしたという。

「家庭用のプリンターでチラシを作って、ペット同居可のマンションを中心に手配りしました。業者に依頼してオリジナルのポケットティッシュを作ってもらい、駅前で配布したこともあります。コストを抑えるためにできることは全部自分でやるようにしました。ただ、ホームページだけはプロにお願いして作成してもらいましたね。サロンを知らない人でも親しみが持てて誠実な印象が伝わるように、きちんとしたホームページにしたかったんです」

トリミングにプラスαの付加価値を付けることで、新規のお客さまを取りこんでいる。動物病院との提携により、"治療と美容の中間"となるのトリミング"を実現することができ、お客さまにより安心してもらえる環境が整ったそう。

「母体である行徳どうぶつ病院には、皮膚科や腫瘍科など、それぞれの分野の専門医が常時いるので、専門医のアドバイスに基づいたシャンプーやトリミングができるようになっています。"獣医さんが診てくれているサロンだから大丈夫"という安心をお客さまに提供できるのが強みだと思っています」

お客さまがトリミングに期待している以上のことをして、犬をお返ししたいという思いが強い同店。

「移転オープンしてから2年が経ちましたが、顧客の半分以上が前のサロンから継続してくれているお客さまです。既存客を大事にしつつ、新規のお客さまにも来ていただけるような効果的なPRと、期待に応えられるだけの技術力を提供していきたいと思っています」

経営情報

【開業時】

▼資金繰り　自己資金：600万円

▼設備投資、什器代　設備投資：約500万円

「居抜き物件を改装し、内装も少し新しくしました」

什器代：約100万円

「犬舎などは備え付けのものをそのまま利用するなどして、コスト削減を図りました」

【移転時】

▼資金繰り　自己資金：700万円

▼設備投資、什器代　設備投資：約700万円

「トレーラーハウスの購入価格は600万円ほど。長い目で見るとリーズナブルです。ガスや水道の工事は約100万円かかりました」

什器代：0円

「以前のサロンからすべて持って来たので、新しく購入はしていません」

広告費：約15万円

「ホームページの制作費は多少かかりますが、一度作ってもらえたらずっと使えるのでコストパフォーマンスは良いですね。定期的にリニューアルしようと考えています」

店内見取り図

```
                  組み立て式ケージ
┌─────────────────────────────┐
│        休憩スペース              │
│窓  扉                           │
│         子犬用ケージ            │
│ドッグバス    扉                 │
│                    ケージ       │
│ トリミング      トリミング      │
│ テーブル        テーブル        │
│                                 │
│ トリミング                      │
│ テーブル         ケージ         │
│            扉                   │
│                  店出入り口     │
│ カウンター                      │
└─────────────────────────────┘
```

←移転オープン時にポスティングしたチラシ。すべて河邊さんの手作りだそう。

オープンまでの流れをチェック！

開業を決意したら、何から順に準備を始めたら良いのでしょうか。大まかな流れを把握しましょう。

- トリミングスクール卒業
- ペットサロン勤務

独立開業を決意！

60日以上前まで
- 動物取扱責任者を選定
- 事業計画書の作成
- 開業スタイルの決定
- 出店候補地の決定
- 出店候補地周辺の市場調査
- 店名や大まかな営業スタイルの決定

50日以上前まで
- 送迎をする場合は車輌を手配
- 融資の手続き
- テナントの決定・契約
- 空調、電気、水回りなどの工事発注

40日以上前まで
- 店舗の内外装工事発注
- 看板などのサイン発注
- 什器や備品の発注

30日以上前まで
- スタッフを雇う場合は求人開始
- 電話やインターネットの整備、手続き
- 開業届、税務関連の手続き
- 店舗運営用品の手配

20日以上前まで
- 開店チラシの発注
- チラシのポスティング、折り込み手配
- 開店記念品などの手配

10日以上前まで
- 近隣店舗や動物病院への挨拶
- 備品購入
- 電気容量などのチェック

前日
- 什器の搬入、備え付け
- 商品搬入、陳列、値付け
- スタッフ最終打ち合わせ

オープン！

日程はあくまで目安です。

1
開業準備編

「自分のお店を持つことは夢だけど、やっぱり大変そう……」と
足踏みしている人も多いはず。
でも、計画を立てて準備していけば、
開業までの道のりはそれほど遠くありません。

開業準備編

開業したいと思ったら

「自分でペットサロンを開きたい！」と思ったら、どういう方法があるのか気になりますよね。
まずは自分にぴったりのスタイルを見つけましょう。

開業とは経営者になること

サロンで働いているトリマーさんであれば、一度は「自分のお店を持ってみたい」と考えると思います。「自分の想いが詰まったお店を持ちたい」、「自分の想いを伝えたい」、「自分の技術をもっと多くの飼い主さんに知ってほしい」、「誰かに指図されて働きたくない」、「お金を稼ぎたい」などその理由はさまざまでしょう。

雇われて働いているあいだは、「オーナーって気が楽だろうな」と思うこともあるかもしれません。けれど、じつは経営者になるということは、雇われているときにはわからない苦労がたくさんあるのです。わからない経営者のことは誰も助けてくれません。売り上げのこと、従業員のこと、お客さまのことなど、何もかもをひとりで一からやらなければならないのです。

「開業してからオーナーの苦労がようやくわかりました」と言う人もたくさんいます。「ちょっと自分のお店でもやってみようかな」というくらいの軽い気持ちでは続かなくなってしまうのです。「なぜ自分のお店を持ちたいのか？」というはっきりとした目標を持って進めていきましょう。

いろいろな経営スタイル

ひとくちにペットサロンと言っても、その経営形態はさまざまです。自分に適しているのはどのスタイルなのか、それぞれの特徴を把握して左に、ペットサロンの主な経営形態の例を挙げました。

これまでペットサロンというと、生体販売を行うペットショップに併設されているケース⑥が中心でした。しかし近年は、美容部門を専業にしたサロン①や、自宅の一部を改装してトリミングを行うスタイル②が増えています。これには、ペットサロンの開業を目指さない資本でスペースとスタッフ、少ない資本で開業できることが理由の

ひとつにあるようです。
さらに、ペットを飼育する環境の多様化に伴い、お客さまのニーズに応えるスタイルでの営業も広まっています。移動トリミング④やその代表例で、訪問トリミング③はその代表例で、訪問トリミングの少ない地域のほか、個々の事情を抱える飼い主さんからも注目を浴びています。

また、経営の多角化を進める動物病院では、ペット美容部門を併設・強化する例も多くなっているようです⑤。

トリマーさんが開業を目指す場合は、①か②の形態がほとんどかと思います。この本ではそれを踏まえて、ペットサロンの開業と経営について話を進めていきたいと思います。

④訪問トリミング

ペットを飼っている家庭へ訪問し、風呂場などを借りてトリミングを行います。サロンへ連れて行くのが難しいシニア犬や、飼い主が高齢の家庭から需要が見込めます。

①ペット美容専業店（ペットサロン）

現在主流となりつつある形態。トリミングを主とし、物販やペットホテルなどのサービスを行う店舗もあります。比較的少ない資本でも開業できます。

⑤動物病院に併設

ワクチン接種やフィラリア予防のために動物病院を訪れる飼い主が顧客になりやすく、病院との相乗効果を上げることができます。

②自宅開業

自宅の一部を作業スペースとする自宅開業も人気の開業形態。飼い主の信用を得ることができれば、都市部の住宅地では大きな需要が見込めるでしょう。

⑥ペットショップに併設

生体の販売から美容まで一貫したサービスを行うことができるので合理的。ただし生体を扱う場合は人材や立地、スペース、在庫負担など制約が多いようです。

③移動トリミング

ワゴン車などを改造して、車の中でトリミングを行う形態。ペットを飼っている家庭周辺に駐車するほか、スーパーや量販店の店頭で営業するケースもあるようです。

開業準備編

商圏とマーケットを知る

サロンを開く決心をしたら、具体的な準備に取りかかります。
商圏やマーケットを知り、どこに出店するか決めることが最初のステップです。

どこまでが「商圏」？

「商圏」とは、お客さまを獲得するために重点的に販促活動などをする地域のことです。ペットサロンの場合、一般的には車でおおむね15分圏内のエリアが「一次商圏（最重要地域）」となります。30分圏内は「二次商圏（今後お客さまを獲得していきたい地域）」とすることができるでしょう（図1）。

ただし、バイパスなど利便性が高い道路や駅、踏切、川、橋などがあると、人の通行は妨げられます。そういった場合には、商圏はやや変動します。

商圏を設定するときには、競合店の数や位置も重要になってきます。競合店が多いということは大きなマーケットがあるということですが、その分競争が激しい地域とも言えるのです。

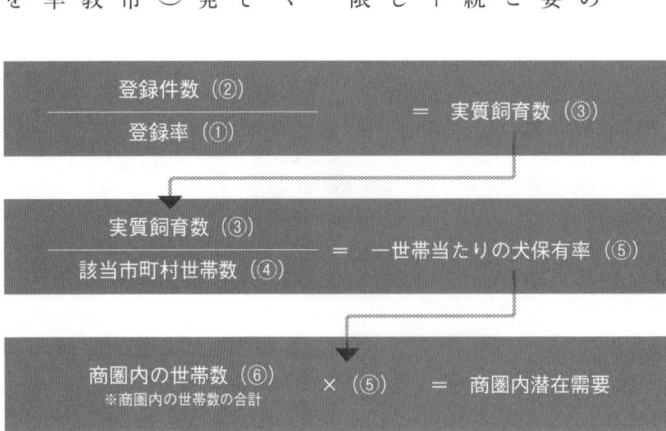

図1 商圏とは

マーケットを知ろう

次に、出店しようとする地域のマーケット（市場）を把握する必要があります。経営者になるということは、ペットサロンを長期的に存続させる必要があるからです。マーケットの小さなところにお店を出しても、売り上げにはどうしても上限があります。

マーケットを把握するには、まず、（一社）ペットフード協会が出している犬の飼育頭数と、農林水産省発表の狂犬病登録頭数から登録率①を算出します。次に出店予定地の市町村での登録件数②を役所で教えてもらいます。登録件数を登録率で割り戻すと、実質飼育数③を

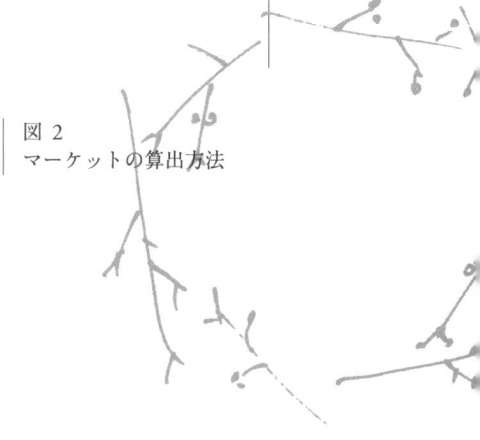

図2 マーケットの算出方法

$$\frac{登録件数（②）}{登録率（①）} = 実質飼育数（③）$$

$$\frac{実質飼育数（③）}{該当市町村世帯数（④）} = 一世帯当たりの犬保有率（⑤）$$

$$商圏内の世帯数（⑥） \times （⑤） = 商圏内潜在需要$$
※商圏内の世帯数の合計

開業準備編

算出することができます。それから出店予定地の市町村の世帯数④を調べ、実質飼育数を世帯数で割ると、その地域の一世帯当たりの犬の保有率⑤がわかります。次に商圏内の世帯数を調べ、それに一世帯当たりの犬の保有率をかけることで、出店予定地域にいると予想される犬のおおよその頭数がわかるのです（図2）。

マーケットを数字で知ろう

マーケットを調べるときは、その地域性を数字で知ることが重要で、それが受け入れられそうな地域であるかどうか考える必要があります。今は犬の頭数が多くても、人口が減少している地域であれば将来性はありません。つまり、「今」だけではなく、過去からの推移を見たり将来の見通しを立てることも必要です。

また、お店のコンセプトや料金体系、扱う商品などを決める際にも、図3で掲示したデータは都道府県や市区町村のホームページの統計情報や、役所に行けば教えてもらえる内容ばかりです。お店の将来を左右する非常に重要な指標になりますので、しっかりと調べておきましょう。

| 図3 知っておきたいマーケットの数字 |

①人口	②世帯数	③持家比率
・世代別の人口	・世帯属性ごとの数	
・男女別の人口	（単身世帯・2人以上世帯など）	④所得水準
・人口の増減	・世帯主の年齢別数	
	・世帯数の増減	

開業準備編

サロンに適した立地とは？

開業準備のなかでもかなり大切なのが「店舗の立地」。
売り上げに大きな差が出ることもあるので、慎重に選びましょう。

立地選びには時間と手間を！

ペットサロンに限らず、売り上げを左右する要因は「店舗の立地」が大きな割合を占めると言っても過言ではありません。立地が良くなければ、スタッフがどんなに努力しても、良いサービスを提供しても売り上げが上がりづらいものです。

一度出店すると、お店の場所を変えることはそう簡単にできませんから、立地の見きわめは慎重に行う必要があります。「場所が空いていたから」、「駅に近いから」、「人通りが多いから」といった安易な理由だけで決めるのではなく、詳しい調査を行ってから決めましょう。立地は、開業準備のなかでも最も慎重に検討すべき事項なのです。

売り上げを左右する立地条件

お店の売り上げを左右する立地の要件を見ていきましょう。大きく分けると以下の7つになります。

①居住人口・世帯数が多い場所

ペットサロンの場合は単に人が住んでいるだけではなく、ペットを飼っている人、またはこれから飼う可能性のある人が住む住宅街が近くにあることが望ましいと言えます。戸建て住宅が多いことが理想ですが、最近はペット可のマンションも増えています。市販の住宅地図を参照すれば、その地域に戸建てが多いのかマンションが多いのかを判断することができます。

②交通量・人通りが多い場所

店舗前の交通量や人通りは非常に重要です。どんなに駅から近くても、人通りが少なければお店の存在に気付いてもらいづらいものです。主要道路であれば、国土交通省が実施している「道路交通センサス」という統計資料などで、時間帯ごとの車両や人の通行量を調べることができるので参照してみましょう。

しかし、人通りが多くてもオフィス街では毎日同じ人が通っているだけですし、交通量が多くてもバスやトラックなどの商用車が多い場合も

32

開業準備編

あります。また、同じ道路でも左右で通行量が異なることもあるため、実際に歩いてみて、どのような地域なのかを判断しましょう。

③ 誘導施設がある場所

駅や量販店、大型スーパー、ショッピングセンターなど人が多く集まる施設が近隣にあると、有利な立地になります。ペットサロンの場合は、犬の散歩コースとなる公園、河川敷などがあるのも良い条件の1つといえます。

また、新たな施設ができることで、人の流れが大きく変わることもあります。出店してから「人通りが減ってしまった」ということのないよう

やっぱり駅から近いほうがいい?

駅は人が集中する施設ですから、店舗が駅に近いと有利な立地条件だと言っていいでしょう。ただし駅に近くても、人通りが少ない場所ではメリットがありません。駅から徒歩○分、○メートルという「距離」にこだわらず、実際にその駅を利用する人の流れや行動を観察した上で評価しましょう。1回だけではなく、平日と休日、午前と午後など何回かに分けてチェックするのがお勧めです。通行人の性別や年齢層、ペット連れかどうかなどを見ると、その地域の特徴がさらによくわかります。

に、役所の都市計画課などで今後の計画を確認しておきましょう。

また、目に留まりやすい場所であることも重要です。交差点の角地などはその代表格。人や車は、道路の途中にあるお店は見過ごしてしまいがちですが、交差点の角地にあるお店は覚えやすいという特性があり、2本の道路のどちらを通る人の目にも入りやすいのです。人や車が入りやすい道路や一方通行の道路など、その利点を生かせないケースもあるので注意が必要です。

④ 人の動線・目に留まりやすい場所

経路が複数ある場合、人は無意識に次のような選択をすると言われています。

・目的地まで近いと思われるほう（最短距離）を選ぶ
・通行量が多いほう（人が集まっているほう）を選ぶ
・より安全であると思われるほうを選ぶ

⑤ 分断要因の少ない場所

分断要因とは、線路、川、丘、交通量が多く車線も多い道路といった、人の動きを遮る要因のことです。自宅からサロンへの距離が近くても、途中に分断要因があると実際よりも遠く感じてしまい、そこを超えてまで行こうと思いづらくなります。

⑥ 車で行きやすい場所

サロンに来店するお客さまの車の利用率（車で来店する人の比率）は地域によって大きく異なります。大都市の中心部では10％以下、地方都市では90％以上というところもあります。出店予定地域の状況にもよりますが、駐車場の有無だけでなく、店の前まで車で来られるかどうかもポイントになります。

⑦ 競合店の少ない場所

競合店が多い地域では当然、競争も激しくなります。①から⑥までの要件をすべて満たしていても、競合店が多ければ別の場所を検討することも必要です。ただし、単に競合店の数を見るだけでなく、その詳細（コンセプトやメニュー内容など）も含めて総合的に判断しましょう。工夫次第では差別化を図ることもできます。

ただし、場所によって異なることも多いため、自分で実際に候補地の通量が多く車線も多い道路といった

開業準備編

出店候補地のリストアップ

数字で知ることにより、感覚的にわかる現状と相違がないか裏付けたり、長期的な予測を立てやすくなります。出店地域を選ぶために知っておきたいデータを紹介します。

希望エリアの数値を算出してみよう

「商圏とマーケットを知る」（30ページ〜）や「サロンに適した立地とは？」（32ページ〜）で調べた数字をもとに、出店候補地を絞り込んでいきましょう。

その際、「この場所がいいな」という何となくの感覚だけではなく、「数字」という理論にもしっかりと目を向けることが重要です。一度出店すると、場所を変えるのはそう簡単ではありません。後悔しないようにしっかりと下調べを行いたいものです。

図1のように、候補地ごとに出店の指針となる数値を比較できるようにしておくと、エリアを絞り込みやすくなります。加えて「所得水準」や「世帯主の属性」、「賃料相場」なども併せて調べると、さらに比較しやすくなるでしょう。

*

図1を見ると、人口や世帯数だけで見れば「候補地B」が最も数が多く、犬の頭数も多いため出店には良さそうなエリアだと思いきや、前年からの伸び率を見るとその数は減少傾向にあり、また競合サロンも多いため、将来的には競争が激しくなることが予想されるエリアでもあるでしょう。

一方で「候補地C」は人口・世帯数ともに増加しており、犬の保有率も高く、1サロン当たりの犬の頭数

図1　候補地ごとの出店データ

	候補地A	候補地B	候補地C	候補地D
人口	1000	4000	3000	2500
人口伸び率（前年比）	105%	98%	110%	88%
世帯数	350	1300	1150	900
世帯数伸び率（前年比）	103%	96%	108%	85%
狂犬病登録数	35	325	230	162
犬保有率	10%	25%	20%	18%
競合サロン数	3	12	8	7
1サロンあたり犬頭数	12	27	29	23

図2 地図へのプロット例

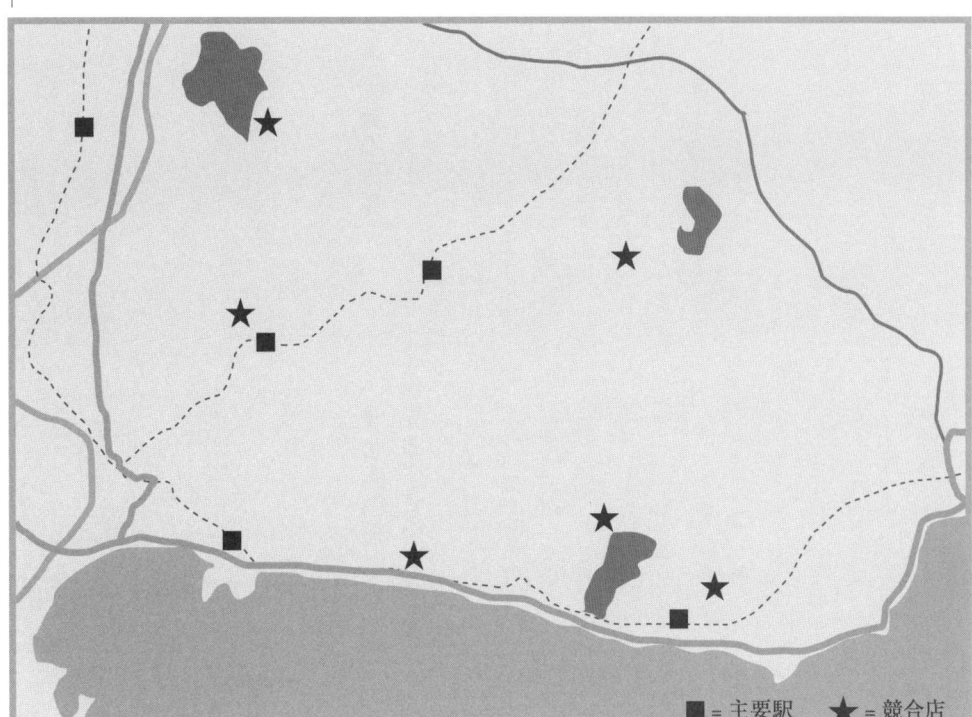

■=主要駅　★=競合店

地図にプロットしていこう

候補地エリアを絞ったら、その候補地の地図を用意しましょう。これには書店で販売されている道路地図や住宅地図などが使用しやすいようです。

そこに、図2のようにシールなどを利用して競合店の場所に印を付けていきましょう。そうすると、どのエリアに固まっているか、または空白の地域があるかなどが視覚的にわかります。

もしもサロンがないエリアがあれば、狙い目になるかもしれません。逆にサロンが固まっているエリアがあれば物件を探す際に除外するようにしておきましょう。

ほかにも、人が多く集まる施設や交通量の多い道路、分断要因などをわかるようにしておくことも重要です。

が多いエリアであることもわかります。このように、取得できるさまざまな数値を比べていくと、各候補地の現状だけでなく、将来性もある程度推測できることがわかるのです。

実際に街を歩いてみよう

ここまではデータという数字でエリアを絞ってきましたが、最終的には自分で街を歩いてみて、その街の雰囲気を肌で感じてみましょう。そうすることで、どんな人が住んでいる街なのか、最寄り駅はどんなスポットなのか、どんなお店があるのかなど、地図ではわからない情報を得ることができるはずです。そこで自分が商売をしているイメージが湧くかどうかが重要になるのです。

また、その街のより正確な雰囲気をつかむためにも、候補地は1日だけではなく、平日と休日、朝と昼と夜、などと異なるシチュエーションで何度も調べるようにしましょう。数字上は魅力的な地域でも、歩いてみたら雰囲気が合わないとか、暗いと感じるところもあるかもしれません。開店してから後悔しないためにも、自身が数字と肌感覚で納得できる場所が見つけられるまで、焦らずに探し続けることも必要だと思います。

開業準備編

市場調査のコツとポイント

出店エリアを絞ったら、競合店と顧客を知るための調査を行います。
具体的に何を調査し、どんな情報をつかめば良いのでしょうか。

競合店調査の目的

ある程度候補地を絞り込めたら、その地域にどんな競合サロンがあるのかを具体的に調べましょう。競合店調査の目的は、これから新規参入をする上で「敵の情報を知る」ということです。さらに自分のお店がどうすれば「差別化」を図ることができるかを探る意図もあります。

差別化とは、「競合店との違いを出す」と言い換えることができます。どんなサロンコンセプトにするか、どんな販促方法を行うか、どんなお客さまをターゲットとするかなど、競合店の情報を考慮しながら決めていくことになりますので、しっかりとチェックしていきましょう。

競合店調査で見るべきポイント

競合店調査を行う場合には、ただ単に店舗を見るだけではなく、目的を持って調べていきましょう。図1のように、店舗ごとにチェックするポイントをあらかじめ決めておくと、比較できるので便利です。

調べる際は、実際に店舗に足を運ぶ「実地調査」を行いましょう。どんな雰囲気のお店なのかなど、現地に行ってみないとわからないことがたくさんあります。

●店舗情報

店舗の規模やスタッフの人数、営業時間、トリミングテーブルの数なでしょう。ほかにも物販や送迎、ホテルなどのサービスを行っているかどうかも調べます。他店でやっていないことを行えば、差別化のひとつにつながるからです。

●メニュー情報

自店の価格設定をするために欠かせない情報です。低価格の店舗が多いのか、店によってばらばらなのかなどを非常に重要です。料金表はホームページや店舗サイン、リーフレットなどに記載されていることが多いので、しっかりと調べておきましょう。

併せて、お客さまの入り具合も確認します。これは、混み合いそうな曜日・時間帯の予約の空きがあるかどうかを電話で調べて判断することができます。電話をかける際は、応対の良し悪しも確認しましょう。

どを把握すると、ある程度の売り上げを予測することができます。

●販促情報

ホームページを始め、看板やフリーペーパーの広告など、地域での広告・宣伝状況を確認していきましょう。とくにホームページは年々重要性が高くなっています。検索エンジンへのキーワード対策や、リスティング広告(検索連動型の広告)の有無、ホームページ自体の作り方、更新情報などを見ておきましょう。

●サロンの特徴

技術重視なのか、価格重視なのか、

36

開業準備編

図1　競合店調査でのチェックポイント

店舗情報
□店舗の規模
□スタッフの人数
□営業時間
□定休日
□トリミングテーブルの数など

メニュー情報
□犬種ごとの料金体系
□オプションメニュー
□物販の有無
□送迎、ホテルの有無
□その他のサービスなど

販促情報
□HPの有無
□看板の有無
□チラシの有無
□フリーペーパー広告の有無
□店内での販促など

サロンの特徴
□技術重視
□価格重視
□店舗の雰囲気
□外観
□評判
□お客さまの入り具合など

店内はどんな雰囲気なのかなど、各競合店の特徴を自分なりの言葉で書き出していきましょう。また、後述する公園調査などで聞くことができる「生の声」とすり合わせることで、特徴を多面的につかむことができるようになっていきます。

公園調査をやってみよう

「公園調査」とは聞き慣れない言葉かもしれません。これは実際に犬を飼っている人にアンケートやインタビューをするという調査です。お散歩コースの定番になっているような公園があれば足を運び、お散歩をしている飼い主さんに声をかけてみましょう。

競合店調査と異なり、実際にお客さまとなる可能性がある人たちですので、具体的な生の声を聞くことができます。なかには嫌がる人もいますが、ていねいにいろいろと教えてくれる人もいるものです。ひょっとすると開業後に自店のお客さまにもなってくれるかもしれませんので、礼儀正しく声をかけることを心がけましょう。

下に公園調査で聞く内容の一例を

公園調査で聞く内容例
・行きつけのペットサロン
・どんなところを気に入っているか
・このあたりのペットサロンの評判
・お散歩の定番コース

紹介します。これに限らず、聞いてみたいことがあれば内容を追加してください。

このアンケートをまとめていくと、自分が感じた競合店のイメージと違う意見も出てきます。このエリアではどんなサロンの評判が支持されているのか、各サロンの評判なども参考にしていきましょう。

また、質問項目には「お散歩の定番コース」を入れることをお勧めします。もしもお散歩の定番コース沿いに店舗をかまえられれば、サロンの認知度を上げることもできるでしょう。たとえ店舗物件がなかったとしても、看板の設置やチラシの手配りなど販促の重点地域として活用することができます。

こういった生の声に基づく情報は、インターネットやどんな媒体にも書いているものはありません。自身の足で稼いだ情報は非常に価値のあるものですから、勇気を出して実施してみましょう。

37

開業準備編

サロンのコンセプト決定

お店のコンセプトとは、みなさんがそのお店に対してどんな意図や目的を込めるかということです。ここではコンセプトの築き方とその決定方法について紹介します。

サロンコンセプトはお店の根幹

エリア特性や競合店調査の結果をもとに、自店のサロンコンセプトを明確にしていきましょう。サロンのコンセプトとは「技術の高さを売りにしたサロン」、「ワンランク上のサービスを提供するサロン」、「散歩途中に気軽に寄れるサロン」など、お店の根幹となる考え方やイメージのことです。

これが明確になると、店舗の外観、内装、提供するサービス、取り扱い商品などのイメージを具体的にすることができますし、そこに統一感を持たせることもできます。逆にサロンコンセプトが固まっていないと、お店全体に統一感がなくバラバラなイメージになってしまいます。競合店との差別化の重要なポイントにもなりますので、しっかりと考えていきましょう。

サロンコンセプトが明確になれば、そのコンセプトに共感してもらえるお客さまをターゲットとして集客していくことになります。共感して来店してくれるお客さまは自店のファンになってもらいやすいでしょうし、ほかのお客さまに「あのサロンはこんなコンセプトのサロンだよ」と紹介してくれることもあるでしょう。

コンセプトの作り方

サロンのコンセプトは、①オー

図1　自分の想いを言葉にしてみよう

《質問》	《自身の想い》	《具体例》
（1）誰に	（例）ほかのサロンではもの足りない飼い主さんに	・最先端のカットスタイルを提供する ・他店にはない商品類　など
（2）何を	（例）ワンランク上のサービスを	・たくさんのオプションメニュー ・ていねいな接客、対応　など
（3）どのように提供するか	（例）気軽に通えるように提供します	・競合店の価格水準と同程度 ・入りやすい店舗作り　など

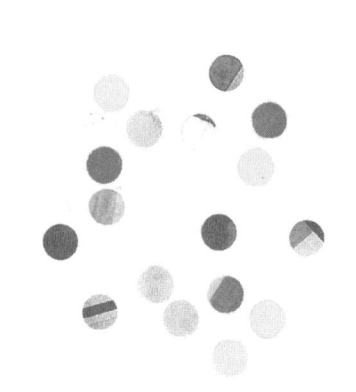

開業準備編

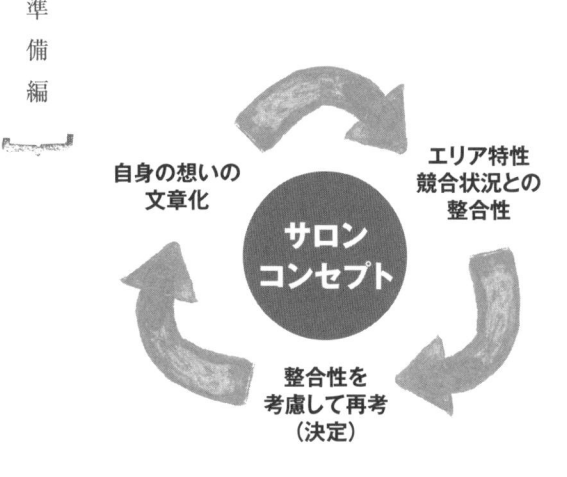

図2 サロンコンセプトの具体化

ナーとなるあなた自身の思い、②出店する地域のエリア特性、③競合店の状況の3つの要因によって決まっていきます。

独立開業しようと思っているからには、「こんなお店を持ちたい」というイメージがあるのではないでしょうか？ 出店するエリアの特性や競合状況によっては、そのままのイメージでは受け入れられない可能性もありますが、まずは図1を参考に、自身の想いを言葉にするところから始めていきましょう。

このように、サロンコンセプトを決める際は、「誰に」、「何を」、「ど のように提供するか」という質問に答える形で文章化していくことができます。

この3つの質問への答えをつなげていくと、おのずとコンセプトが形になっていきます。言葉にした後は、何ができるか、何をしたいかを具体的に付け加えていきましょう。

一方で、市場調査や競合店調査で調べた結果も参考にします。たとえば、もしも出店候補エリアが価格重視のお店が多い地域であれば、「1ランク上のサービス」というコンセプトは受け入れられにくいかもしれません。また、競合店が同じような

コンセプトで運営していれば、差別化にもなりにくいでしょう。考えれば考えるほど、すべてがかみ合わないということもあると思います。

サロンコンセプトの根本は、オーナーとなるあなた自身の想いであるべきだと思います。自分の夢であるお店を持つわけですから、エリア特性に合わせるばかりにやりたくないお店作りをしても、モチベーションは継続しないでしょう。

あまりにもエリア特性や競合状況とかけ離れたサロンコンセプトであれば別ですが、しっかりと考えて悩み抜いた結果であれば、自身の想いを最優先にしても良いと思います。

このように、自身の想いとエリア特性、競合店状況のバランスを取りながらコンセプト作りを行います。

最初に述べたように、サロンコンセプトはお店の根幹となる大事な考え方ですから、一朝一夕にできあがるわけではありません。焦らずにじっくりと考えていきましょう。

サロンコンセプトを決める際に、出店する地域のエリア特性、競合店の状況のどの要因を最優先に考えるべきかという点に悩まれることもあ

開業準備編

開業資金はどうする？

まずは開業にかかる費用と、自分で用意できるお金を確認しておきましょう。

開業準備で気になるのは、やっぱり"お金"。

開業に必要な資金はどれくらい？

ペットサロンを開業するためには、「開業資金」が必要です。立地や建物の大きさ、設備や行うサービスなどでかなり異なってきますが、まとまったお金がかかることに変わりはありません。

開業時に必要な費用には、主に次のようなものがあります。自分の開業形態に合わせて、費用を見積もってみましょう。

①店舗費用

自宅で開業する人、資金に余裕がある人は別にして、ほとんどの人が賃貸物件を探すことになるでしょう。出店地域によっては、駐車場の確保も必要です。

②店舗の改装費用

自宅で開業する際にも必要となる費用です。改装にかける費用は予算総額によって大きく差が出ます。初めからあまり無理な予算を立てずに、開店後しばらくはできるだけ節約し、お店が軌道に乗ってからプラスしていくことを考えたほうが賢明です。

③設備や備品の購入費

ペットサロンの場合、設備や備品を必ず購入しなければなりません。ドッグバスやトリミングテーブル、ドライヤーなど、予算総額を考えな

がら、新しいものを購入するか、中古品を活用するかを決めていきましょう。

冷暖房機器や換気のための装置、給湯・排水設備などにかかる費用もここに含まれます。

④開店PRの費用

開店を知らせる広告宣伝費も必要です。ペットサロンの場合、ポスティングチラシは効率の良い媒体だと思います。

また、チラシだけでは書ききれない特徴を伝える媒体として、ホームページを作成しておくことも必要です。そのほかには、街頭でポケットティッシュなどを配布するのも良いでしょう。

⑤当初の仕入れ費用

開店時に必要なシャンプーなどの消耗品や、物販用商品の代金です。仕入れ先の候補をいくつかピックアップして、見積もりを取りましょう。

⑥そのほかの雑費

お店の名刺や商品袋、文房具などの費用も必要です。

ほかに、開業後に必要となる資金もある程度準備しておくと良いでしょう。当初の予定ほど売り上げが伸びなかった場合でも、開店後には必ず支払わなければならない「固定費」が発生するからです。

つまり、開業後に必要になる固定費は事前に考慮しておかなければい

開業準備編

図1 ペットサロンの収支例

A店

	所在地	東京都
	従業者	経営者を含め3名
業態の割合	トリミング	72%
	ホテル	11%
	物品販売	15%
	その他	2%

年間収支 単位 千円

	総売上	21,000	100%
	売上原価	5,460	26%
	売上総利益	15,540	74%
A	経営者報酬	4,620	22%
	従業員給与	3,990	19%
	店舗賃料料	1,470	7%
	水道光熱費	630	3%
	車両交通費	420	2%
	減価償却費	630	3%
	通信費	210	1%
	消耗品雑費	1,260	6%
	Aの小計	13,230	63%
	営業利益	2,310	11%

売り上げ総利益－A(経費)＝差し引き純利益

けないのです。代表的な固定費としては「家賃」、「光熱費」、「交際費」、「借入金・ローンの返済」などが挙げられます。

どんな費用が必要なのかが把握できても、それぞれどれくらいかかるのかを想像するのはなかなか難しいのではないでしょうか。

図1は、あるペットサロンの収支例です。年間にどれくらいの収入・支出があるのかイメージしやすくなると思いますので、目安として参考にしてください。

自分で用意できる資金を計算しよう

具体的に開業資金がどれくらい必要なのかがわかったら、自己資金がいくら用意できるか計算します。

自己資金に含まれるものとして「預貯金」、「退職金」、「株券」、「自宅・マンションなどの不動産」、「自動車・貴金属」、「生命保険などの積立金」などがあります。自己資金の合計額が開業資金の中でどれくらいの割合を占めるかということは、重要なポイントです。

自己資金だけで開業資金をすべてまかなうのが理想的ですが、なかなかそうはいかないのが現実です。不足分を補うために、親や知人からお金を借りて、お店が軌道に乗ってから少しずつ返済していくスタイルを取る人もいると思います。

しかし、実際は不足分を自分で調達しなければならない人がほとんどなのではないでしょうか。そうなると、資金の調達先を考える必要があります。

借り入れ先を考える

賃貸物件で開業する場合、資金の融資を通常の銀行から受けるのは少し難しいでしょう。テナントを借りてペットサロンを開業する場合は、「日本政策金融公庫」を利用することが多いでしょう。

次のページで、日本政策金融公庫とはどんなところなのか、借り入れを行う具体的な場合はどうすればよいのか、借り入れ具体的な手続きなどを紹介していきます。

融資を受けるには連帯保証人が必要

開業資金の融資を受ける場合、日本政策金融公庫の一部の制度をのぞいて「連帯保証人」が必要になります。

しかし「連帯保証人」という言葉のネガティブな響きもあって、引き受ける側からすれば気の進まないことが多いもの。開業を決意したときに、前もってお願いしておくほうが良いでしょう。

詳細な事業計画書や資料を持参し、細かい部分まで目を通して納得してもらいましょう。そして何より、どうしても開業したいという熱意と誠意を持って話すことが重要ではないでしょうか。

開業準備編

借り入れのための手続き

資金が足りない分は、金融機関などから借り入れなければなりません。融資を受ける場合の流れを確認し、どんな方法で返済するのか考えましょう。

日本政策金融公庫の特徴

開業資金を調達する際に最も利用する人が多いのが、「日本政策金融公庫」でしょう。従来は国民生活金融公庫（通称：国金）と呼ばれていた政府系の金融機関で、全国に支店があります。

主な特徴は以下の通りです。小規模な事業者にとっては、最も有利な借入先と言えるでしょう。

- すでに事業を営んでいる人だけでなく、これから事業を始めようとしている人でも利用できる
- 実績のない個人でも創業資金を借りることができる
- 金利が安く、景気に左右されない固定金利である
- 返済期間が最長15年以内という長期での資金調達が可能である
- 無担保・連帯保証人不要で借りることもできる（※一定の要件あり）

自分に合った融資制度を活用しよう

日本政策金融公庫には、事業を営む人に対する「普通貸付」だけでなく、新規開業融資制度として、通常の「新規開業資金」のほかに、「女性、若者／シニア企業家支援資金」なども用意されています（図1）。

ペットサロンの開業を目指す人のなかには、女性や若い男性も多いと思いますし、リタイア後に経営を始めようという人や、経営の多角化の1つとしてペットサロンを始める人もいるでしょう。そういった人にも利用しやすいのがこの制度です。

また、一定の要件を満たせば最大で1千5百万円まで無担保・無連帯保証人で融資が受けられる「新創業融資制度」も用意されていますので、

図1　日本政策金融公庫の融資制度（一部抜粋）

融資制度	ご利用いただける方	融資限度額	融資期間（うち据置期間）
普通貸付	事業を営む方（ほとんどの業種の方にご利用いただけます。）	4,800万円 特定設備資金： 7,200万円	設備資金：10年以内（2年以内） 特定設備資金：20年以内（2年以内） 運転資金：5年以内（1年以内）
新規開業資金	新たに事業を始める方または事業開始後おおむね5年以内の方	7,200万円 （うち運転資金 4,800万円）	設備資金：20年以内（3年以内） 運転資金：7年以内（1年以内）
女性、若者／シニア起業家支援資金	女性または30歳未満か55歳以上の方であって、新たに事業を始める方または事業開始後おおむね5年以内の方	7,200万円 （うち運転資金 4,800万円）	設備資金：20年以内（2年以内） 運転資金：7年以内（1年以内）
再挑戦支援資金（再チャレンジ支援融資）	廃業歴等のある方など一定の要件に該当する方で、新たに事業を始める方または事業開始後おおむね5年以内の方	2,000万円	設備資金：15年以内（3年以内） 運転資金：7年以内（1年以内）
新事業活動促進資金	経営多角化、事業転換などにより、第二創業などを図る方	7,200万円 （うち運転資金 4,800万円）	設備資金：20年以内（2年以内） 運転資金：7年以内（3年以内）
中小企業経営力強化資金	新事業分野の開拓のために事業計画を策定し、外部専門家（認定経営革新等支援機関）の指導や助言を受けている方	7,200万円 （うち運転資金 4,800万円）	設備資金：15年以内（2年以内） 運転資金：7年以内（1年以内）

出典：日本政策金融公庫ホームページより　http://www.jfc.go.jp

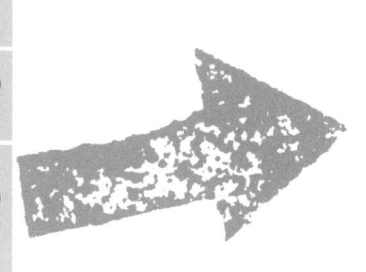

事前に調べておくことをお勧めします。

ペットサロンを開業するにあたっては、それぞれの事情が異なりますので、自分の状況に合った融資制度を探しましょう。

借り入れ手続きの流れ

融資に至るまでの一般的な流れを見ていきましょう。

①相談

近くの支店窓口で相談します。このとき、借入申込書（図2）や創業計画書をもらうことができます。

②申し込み

借入申込書に創業計画書や試算表などを添えて提出します。

③面談

資金の使い道や事業計画について、担当者から質問を受けます。計画にかかわる資料や資産・負債のわかる書類を準備しておきます。

④融資決定

融資が決まると、指定の借用証明書など契約に必要な書類が送られてきます。作成して提出しましょう。

⑤返済

返済は原則として月賦払いです。返済方法には次の3種類があります。

【元金均等返済】

・毎月支払う返済額のうち元金の額が一定

・元利均等返済よりも元金の減少が早いので、返済が進むにつれて毎月の返済額は少なくなる

・最終的に支払総額が最も少なくなる

【元利均等返済】

・毎月支払う返済額が一定

・返済が進むにつれて、毎月の返済額に占める利息の割合が少なくなり、元金の割合が多くなる

・返済額が均等のため、返済計画が立てやすい

【ステップ返済】

・初めの一定期間の返済額を大幅に減らして返済する

・初期の支払いのほとんどが金利分の支払いとなるため、元金が減る期間が遅くなる

・利息がかさむため、返済総額が多くなってしまう

融資を受ける際の注意点

日本政策金融公庫から融資を受ける際には、事業計画やスケジュールが重要になります。公庫側も「これではとても返済は無理だろう」という事業には融資してくれません。

したがって、融資する事業（あなたのお店）にどれだけ有望なマーケットがあり、どれだけのお客さまを獲得し、どれだけの売り上げが確保できるかを、具体的に数字を使って伝える必要があるのです。

夢を追いかけるだけの漠然とした売り上げシミュレーションでは、融資を受けるのは難しいでしょう。

第三者から「これはどうするの？」と質問されて答えに詰まるようだったら、まだまだ開業に対する思い入れが足りないのかもしれません。もっと具体的にイメージできるように、ほかのペットサロンや異業種を見学するのもひとつの手です。

図2　借入申込書

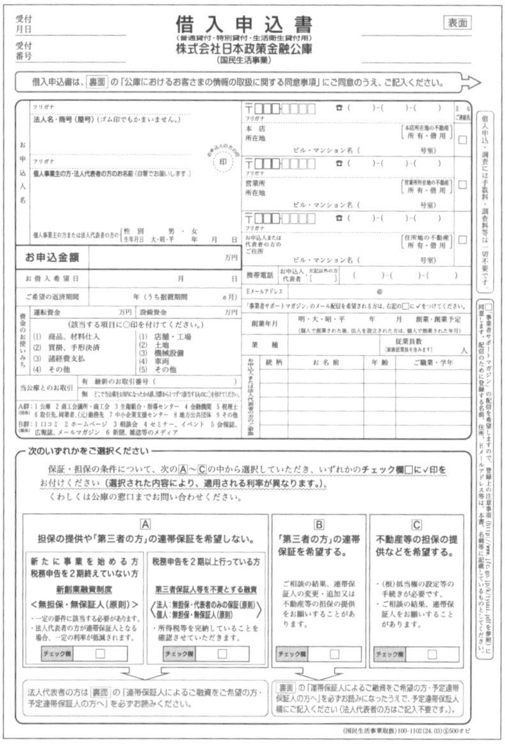

借入申込書（普通貸付・特別貸付・生活衛生貸付用）

株式会社日本政策金融公庫（国民生活事業）

表面

借入申込書は、裏面の「公庫におけるお客さまの情報の取扱に関する同意事項」にご同意のうえ、ご記入ください。

お申込金額　万円

次のいずれかをご選択ください

保証・担保の条件について、次のA～Cの中から選択していただき、いずれかのチェック欄に✓印をお付けください（選択された内容により、適用される利率が異なります。）。くわしくは公庫の窓口までお問い合わせください。

A　担保の提供や「第三者の方」の連帯保証を希望しない。

B　「第三者の方」の連帯保証を希望する。

C　不動産等の担保の提供などを希望する。

開業準備編

創業計画書の書き方

事業資金の借入申込書とともに提出する創業計画書。融資の決定を左右する大切な書類ですから、不備のないように書き上げましょう。

創業計画書を用意しよう

融資の申し込みを行うにあたってまず用意しなければいけないのが「創業計画書」です。書類は融資を申し込む金融機関によって異なる場合があり、図1は日本政策金融公庫の創業計画書の様式です。

創業計画書は、融資担当者との面談時に使用し、提出した後は変更することができません。そのため、事前にしっかりと記入内容を推敲し、ていねいに書き上げることが重要になります。

書類の冒頭には「お手数ですが、可能な範囲でご記入いただき……」と記載されていますが、必ずすべての項目を埋めるようにしてください。

創業計画書の各項目

記入が必要な各項目について、順を追ってを説明していきます。

① 創業の動機

わずか4行しかありませんが、みなさんの夢や想いをしっかりと記載することが重要です。書くことがたくさんある場合は、事業計画書などの別紙にまとめるか、面談時に補足として説明を加えましょう。

② 事業の経験等

あなたが開業しようとしている業種と、あなたの過去の略歴との関連性を記入する箇所です。ほとんどの人が過去にペットサロンで勤務していた経験があると思いますので、これまでの事実を自信を持ってしっかりと記載してください。

③ 取扱商品・サービス

この質問の意図は、「お店を始めるにあたっての計画がしっかりとイメージできているかどうか」ということです。トリミングだけでなく、物販・生体販売、ホテルなども行う場合にはそれぞれの売り上げシェアも記載しましょう。これはある程度現実的な数値を記載する必要があり、その根拠を説明できる用意しておくことが大事です。

④ セールスポイント

何よりも力を入れたい記入欄です。他店と何が違うのか、どんなターゲットに向けた商品・サービスなのかなど、面談の担当者にお店を売り込むつもりで書いていくことが重要になります。このセールスポイントを書くにあたっては、メニューやオプションメニューなどを先に決めておくと、よりリアリティーのある内容にすることができます。

⑤ 取引先・取引条件など

この部分は、ペットサロンの場合は比較的簡単に記載することができると思います。販売先は基本的には来店するお客さまであることがほとんどでしょう。仕入れ先などは、取り扱いたい商品のイメージを事前に考えておき、あらかじめ仕入れ業者

44

開業準備編

を探しておくと、より現実的な内容を書くことができるようになります。

⑥ 従業員

これについても、1人で始めるのか、何人かスタッフを雇うのか、給与や賞与はどうするのかなどを考えておく必要があります。この点は46ページからの収支計画を考えておくことで簡単に書くことができるでしょう。

図1　創業計画書

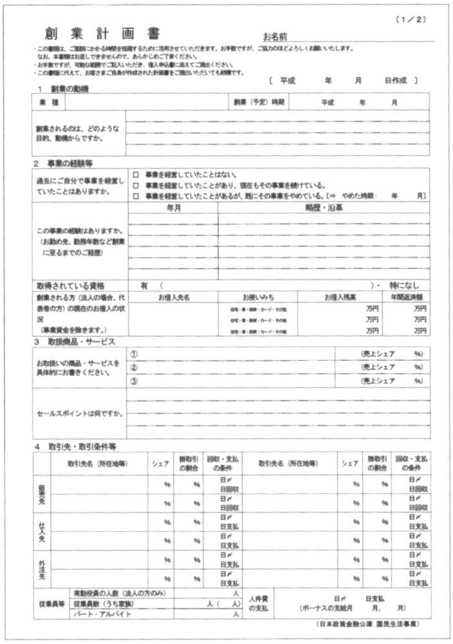

日本政策金融公庫のホームページよりダウンロードできます。
記入例を見ることも可能。

https://www.jfc.go.jp/n/service/dl_kokumin.html

⑤ 必要な資金と調達の方法

ここには借入申込書に記載した「設備資金」、「運転資金」、「合計額」と同じ金額を記載しましょう。ただし、ここではその「内訳」を書く必要があります。設備資金として、内装への金額、機材への金額、車両への金額などを詳しく記入します。これには、業者からもらった見積もりなどがあればより良いでしょう。自己資金や借り入れなどの数字も忘れずに書きましょう。

なる書類がございましたら、計画書に添えてご提出ください」という記載があります。これは一般的に、事業計画書や収支計画書と呼ばれる書類を指しています。創業計画書は枠に制限があるため、どうしても書ききれない部分もあると思います。そういった場合には、事業計画書などに補足事項としてまとめていきましょう。

事業計画書というと、大掛かりなものをイメージするかもしれません。しかし、実際はA4サイズの紙1枚でも問題ありません。事業計画書はあくまでも創業計画書の補足・参考資料としての位置付けになるためです。

事業計画書をより充実した内容にしたいという場合には、「業界の動向」、「出店地域のエリア特性」、「競合状況」、「サロンコンセプト」など、これまでの項目で説明してきた内容に向けて調べた内容」を記載していけば良いでしょう。

また、売り上げや利益の流れの計画である収支計画書はより綿密に作ることをお勧めします。収支計画書については次ページで解説します。

⑥ 事業の見通し

最後の項目は、「毎月いくらの利益が出せるか」を聞くものです。当然ですが、融資を受けられるかどうかは、返済ができるかどうかが大きく影響します。創業当初は赤字でも、「軌道に乗った後」にはきちんと利益が出る体制にしておく必要があります。この箇所も収支計画をしっかりと作れば、右側の根拠の箇所と合わせて記載することができるでしょう。

さらに準備を行おう

2枚目の最後には、「他に参考と

45

開業準備編

収支計画とは

創業計画書が書けたら、次にお金の出入りについて計画を立てていきます。

「先のことはわからないから」と難しく考えず、必要となる数字を1つずつ算出してみましょう。

収支計画書に必要なもの

前項では創業計画書について説明しました。創業計画書のなかには、「⑥事業の見通し」という箇所があり、お店のお金の出入りや状況を記載する欄があります。そのため、お金の流れの経過が具体的にわかる収支計画をしっかりと作ることができれば、より充実した計画書にすることができるでしょう。

収支計画書を記入するに当たってまず理解してもらいたいことは、この書類はあくまでも、「融資を受けるために数字の根拠を伝える書類である」ということです。なぜなら、まだ始まってもいないお店の売り上げなどについて、正確な数字は誰にも

図1
返済計画

資金使途

開業資金（円）		資金調達（円）	
不動産費用		自己資金	
内外装費		親類・友人よりの借入	
設備費用		金融機関からの借入	
運転資金・予備費			
合計		合計	

※不動産費用は、仲介手数料(1ヶ月)・保証金(3ヶ月)で算出
※内外装費は見積もりによる

借入先	
借入金	千円
返済期間	
当初返済利率	年

返済計画

年	元金返済金	利息返済金	返済合計	返済残高
0				
1				
2				
3				
4				
5				
6				
7				
8				
9				
10				

図2　新規客獲得計画

(人)

			1月	2月	3月	4月	5月	6月	7月	8月	9月	10月	11月	12月	年間合計
患者数		総客数①+②													0
		新規客数①													0
新規患者数①	販促①	オープニングチラシ													0
		街頭でのポケットティッシュ													0
		繁忙期チラシ													0
	販促②	ホームページ													0
	販促③	紹介カード													0
		ポケットティッシュ													0
		エコバック													0
	自然新規客	通りかかりでの来店													0
継続患者数②	販促④	既存患者DMリピート													0
	自然継続客	リピート客数													0

	販促費用	1月	2月	3月	4月	5月	6月	7月	8月	9月	10月	11月	12月	年間合計
総費用															0
販促①	オープニングチラシ														0
	街頭でのポケットティッシュ														0
	繁忙期チラシ														0
販促②	ホームページ														0
販促③	紹介カード														0
	ポケットティッシュ														0
	エコバック														0
販促④	既存患者DMリピート														0

もわからないからです。わからない数字の算出に追われてしまうと、いつまでたっても計画書が完成しないということになってしまいます。ですので、まずは記入する数字に対する〝自分なりの根拠〟が言えることが大事なのです。

収支計画書には特定のフォームはありません。ここでは代表的な例を用いて紹介していきます。

収支計画書は、①返済計画、②新規客獲得計画、③人員計画、④損益計画の4つを用意しましょう。

①**返済計画**

図1は返済計画の一例です。いくら借り入れをして、何に使用するか、どのくらいの期間やペースで返済していくのかを考えていきましょう。

借入額を決める方法としては、開業に必要な「不動産費用」、「内外装費用」、「設備費用」などについて、まずはそれぞれの業者に見積もりを取りながら決めていくのが良いでしょう。次に仕入れなどに必要な費用やホームページを作成する費用やオープニングチラシなどにかかる費用を考えていきます。これらについ

えはどこにもありません。もちろん見積もりを取ることをお勧めします。その合計に日々のサロン運営に必要になる金額（仕入れや消耗品にかかるお金など）を足して、運転資金として計算していきます。その合計の根拠もなく、「新規で●人の人が来ます」と説明されるよりも、「オープニングチラシを配る●人、紹介カードで●人」などと、具体的に説明されるほうが説得力があると思います。

次に、自己資金や親類・友人などから借りて用意できる金額を算出しましょう。開業資金からそれらの金額を差し引いた金額が、金融機関から借り入れをする金額となります。最後に、借り入れをする金融機関の利率から返済期間も設定しておきましょう。

② 新規客獲得計画

次に、売り上げを決める根拠となる、お客さまの獲得方法について考えていきます。47ページの図2は新規客獲得計画の一例です。ここでは、「どういった販促方法で何人の新規客を集めるのか」「新規客の何割が継続して来店するかのか」などを計算していきます。

「どんな販促をすれば何人の新規客が来るか」という疑問に対する答

えとなるのは販促計画ではいけませんが、ここで重要なのは、「どういった取り組みでお客さまを集めようとしているのか」ということです。何の根拠もなく、「新規で●人の人が来ます」と説明されるよりも、「オープニングチラシを配る●人、紹介カードで●人」などと、具体的に説明されるほうが説得力があると思います。

いきなり「●人」という客数を出すのは難しいとしても、たとえばオープニングチラシの枚数やチラシを配布する時期などは、ある程度イメージしやすいと思います。そこから来店客数を想定していくと、より現実的な数字を出すことができるでしょう。また、客数の裏付けに必要である販促費用の算出も必要です。

この計画はあくまでも計画ですから、あなたなりの根拠を伝える内容にしていきましょう。また、現在勤務しているお店などでの実績数字がわかるのであれば、それを付け加えても良いでしょう。

③ 人員計画

図3は人員計画の一例です。なぜ人員計画が必要かというと、人員はサロンを作るうえで欠かせない要素だからです。ペットサロンという業態は、トリマー1人が1日に扱える数字を合わせようとするばかりに、低い給与水準を設定してしまうと、計画上での売り上げと、自分のこととしか考えていない経営者というイメージを持たれてしまうこともあります。事前に業界の水準を調べたり、過去の職場の給与なども参考にして、慎重に計画を立ててみてください。

たとえば、1カ月に300頭来店するサロンのスタッフがたった1人ということは、現実にはあり得ないのではないでしょうか。人員計画は、前述した新規客獲得計画とも連動しますので、釣り合いの取れた数字を出すようにしましょう。

また、ペットサロンにおける人件費は、サロンの経費のなかでも最も大きい割合を占めると言えます。これらのことから、人員計画は非常に重要だと言えるのです。

どれくらいの時期に何人のスタッフを採用するのかといった人員計画とともに、給与（人件費）の計画も

考えておく必要があります。新人と経験者では給与にも違いがあるでしょうから、人員計画も含めて、実際の給与と採用のイメージに合わせて設定しておくと良いでしょう。

④ 収支計画

返済計画、新規客獲得計画、人員計画の準備が整ったら、最後は収支計画となります。50〜51ページの図4は収支計画の一例です。収支計画は「A：売り上げ」「B：売り上げ総利益」「C：売り上げ原価」「D：販売費・一般管理費」「E：営業利益」の5つの要素からできています。ひとつずつ詳細を見ていきましょう。

A：売り上げ

売り上げは「客単価」×「客数」

開業準備編

図3　人員計画

	1年目	2年目	3年目	4年目	5年目
経営者					
トリマー①					
トリマー②					
トリマー③					
年間人件費合計					

◆月額人件費想定

トリマー1年目（　　）　トリマー2年目（　　）　トリマー3年目（　　）

トリマー4年目（　　）　トリマー5年目（　　）

で算出します。客数には、②新規客獲得計画で設定した客数を書いていきましょう。客単価は自店で扱う予定のメニューから想定して、平均的な金額を決めましょう。

B：売り上げ原価

お店で扱う商品によって原価率は異なります。たとえばメニューとして行うシャンプーでは原価率は低くなりますが、物販では原価率は高くなるでしょう。そのため、お店で扱うメニューや物販商品を考慮して、おおよその原価率を算出しましょう。

C：売り上げ総利益

売り上げ総利益は「A：売り上げ」から「B：売り上げ原価」を差し引くことで算出することができます。

D：販売費・一般管理費

②新規客獲得計画で算出した販促費用と広告宣伝費用、③人員計画で算出した人件費、テナントの家賃や水道光熱費などを記載していきます。それ以外の項目は現実的なおおよその金額を記載していけば良いでしょう。

E：営業利益

最後に営業利益です。これは、「C：売り上げ総利益」から「D：販売費・一般管理費」を差し引くことで算出することができます。この営業利益が、個人事業の場合には一般的に利益として見られるも

	1年目								2年目	3年目
	6月	7月	8月	9月	10月	10月	12月	年間合計		
	0	0	0	0	0	0	0	0	0	0
	0	0	0	0	0	0	0	0	0	0
	0	0	0	0	0	0	0	0	0	0
	0	0	0	0	0	0	0	0	0	0

のになります。

45ページの創業計画書には「軌道に乗った後」の収支を記載する箇所があります。開業してすぐに黒字化することは難しいでしょうが、早い段階で黒字化できるような数値計画を作ることができれば、融資のための信頼度はより高くなるでしょう。

このように、収支計画は数字との格闘になります。初めは慣れない内容に苦労するかもしれませんが、実際に手を動かして書いていくと、経営者として何を考える必要があるかを徐々に理解できるようになっていきます。

お店を始めた後は、売り上げや経費などの数字管理を毎月行わなくてはなりません。新しい設備を導入するために、再び金融機関からの借り入れを行うこともあるかもしれません。せっかく自分のお店を持つことができるのですから、数字管理にも慣れておき、自分の理想とするお店作りを長く続けられるようにしておきたいものです。収支計画書作りは経営者としての第一歩だと考えておきましょう。

図 4 収支計画

(単位:千円)	<項目>	1月	2月	3月	4月	5月	
A:売上	平均単価①						
	延べ客数②						
	売上合計③(=①×②)	0	0	0	0	0	
B:売上原価	売上原価④	0	0	0	0	0	
C:売上総利益	売上総利益⑤(=③-④)	0	0	0	0	0	
D:販売費・一般管理費	人件費						
	法定福利費						
	旅費・交通費						
	広告宣伝費						
	地代家賃						
	通信費						
	事務消耗品費						
	支払利息						
	水道光熱費						
	保険料						
	雑費						
	販売費・一般管理費合計⑥	0	0	0	0	0	
E:営業利益	営業利益⑦(=⑤-⑥)						

開業準備編

テナント選びのポイント

お店を出したい地域が決まったら、テナント（物件）を探します。
自分のイメージ、お客さまの入りやすさなどを考えながら選びましょう。

物件の条件を明確に

打ち出したコンセプトを実現するには、まずは店舗となる物件を探さなくてはなりません。必要な物件条件や基準を明確にしておくと、探すときにとても便利です。物件探しのためのチェックシート（図1）を参考にしてみてください。

出店に際しては「用途地域」の規制を受ける場合があります。事前に出店候補地の各市町村の窓口で確認したり、都市計画図をチェックしておきましょう。

不動産業者の選び方

物件に求める条件が具体的に決まったら、次に不動産業者を選びます。不動産業者はどうやって選んだら良いのでしょうか。

最近はインターネット上でテナント情報を調べることもできます。ただし、インターネットに出ている情報は誰でも見られるので、良い物件はすでに決まっているケースもよくあります。物件探しを行う場合は必ず候補地に足を運び、不動産業者を回りましょう。

不動産業者には大きく分けると「チェーン系の不動産業者」と「地場の不動産業者」の2つがあります。チェーン系のほうが明るく入りやすい雰囲気であることが多いため、こちらばかりを回る人もいるようです。しかし、本当に良い物件には昔からそこで営業している地場の不動

場所の条件

☐ 交通手段
☐ 周辺の環境
☐ 競合店の位置と距離
☐ 生活道路
☐ 最寄り駅からの距離
☐ その他

建築の条件

☐ 建物の構造
☐ 夜間や休日の出入り
☐ 電話回線数
☐ 給水湯設備
☐ 希望坪数
☐ その他

図1　物件探しのためのチェックシート

毎月の負担予算

☐ 家賃
☐ 管理費
☐ 共益費
☐ その他

契約時の条件

☐ 敷金
☐ 礼金
☐ 保証金
☐ その他

駐車場の条件

☐ お店からの距離
☐ 月極料金
☐ その他

開業準備編

産業に対するあなたの熱意が伝われば、思わぬ好物件を紹介してもらえるかもしれません。物件紹介の第3希望の物件に決めざるを得ない場合もあるでしょう。

しかし立地がよほど良くなければ（たとえば住宅地から遠く、駐車場もなく、わかりにくいところでなければ）、少しの工夫で建物のマイナスポイントはかなりカバーできるはずです。

ペットサロンはお店の美しさや居心地の良さだけがすべてではありません。あくまでもサービス業ですので、サービスの質（トリミングの技術やお客さまの満足度）が重要であることを忘れないでください。

また、自分のお店をイメージするときには理想がついオーバーしてしまいがちです。予定していた費用が集約されるため、そんなときは、事業計画書に立ち返り、どこまでの範囲で何ができるかを検討し直すようにしましょう。

業者でしか巡り合えないこともありますから、必ず両方を回るようにしましょう。

良い不動産業者の見分け方のポイントは"免許証"です。不動産業は免許が必要な業種ですので、店頭には必ず宅地建物取引業者免許証が提示されています。この免許証には「東京都知事（○）第○○○○○○号」というように免許証番号が記載されていて、（○）の数字は免許証の更新回数を表しています。つまりこの数字が大きいほど営業年数が長く、実績のある不動産業者だと判断することができるのです。

不動産業者が決まったら、希望する条件をしっかりと伝えることが大切です。図1のチェックシートをもとに希望する物件の条件を整理し、まとめて書面化して不動産業者に相談することをお勧めします。

不動産業者に適当にあしらわれたという話も少なくありませんが、開業してしまうといった例もありますが、それでは失敗することも多いでしょう。

物件探しはこだわりを持ち、時間をかけて行ってほしいと思います。

"最高の物件"が見つからなかったときは

「かなり根気よく探したけれど、100％満足の行く物件が見つからなかった」というケースもあるかもしれません。物件探しにはタイミングの問題もありますから、第2希望、自分の目でしっかりと物件を見てから決めましょう。すべての責任は、開業するあなたにあります。不動産業者に任せておいては、良い物件はなかなか見つかりません。

開業の2、3カ月前から場所を探し、不動産業者に物件紹介を頼んで、出てきた物件を5〜6件見ただけで

開業準備編

テナント契約

物件の候補がいくつか挙がったら、内覧をしてから契約に進みます。テナントを契約する際にはどんなことに注意すべきでしょうか。

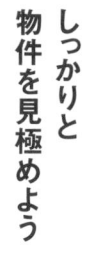

しっかりと物件を見極めよう

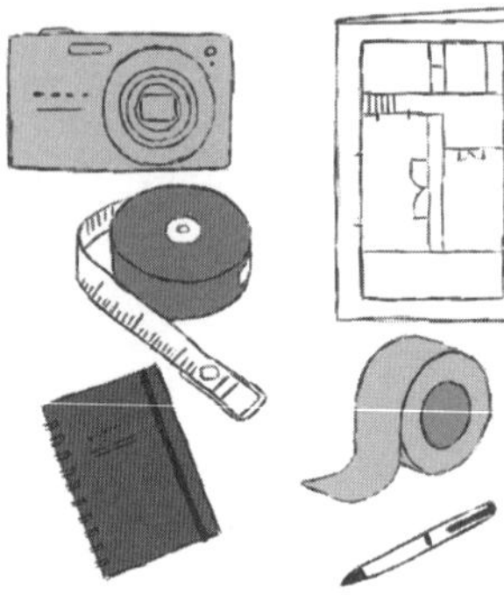

気になるテナント物件があれば、できる限り現地を見に行くようにしましょう。物件を内覧する場合には、図面、筆記用具、デジカメ、メジャー、マスキングテープを持っていくようにしましょう。現地で実際の広さを測っていき、図面に書き込んでいくことをお勧めします。また、細かなところまで写真を撮影するようにしておきましょう。

設備（ドッグバス、トリミングテーブルなど）で導入予定のものがあれば、それがどのように配置できるかをマスキングテープで囲っていくと、お店作りのイメージを具体的にすることができるようになります。印を付けた状態でも撮影をしておきましょう。

外観の写真は看板などのサイン計画に必要になります。自分がお客さまになったつもりで、入りやすい間口か、外からでも店内の様子がわかりやすいか、歩いていて目に留まりやすいテナントかなども合わせてチェックしておきましょう。

また、空き物件ということは新築でない限り、前に何らかのテナントが入っていたと考えられます。不動産業者にどんなテナントが入っていたのか確認しておくようにしましょう。

フロアのテナントはどのような店か、オーナーはどんな人かということです。ペットサロンはペットホテルなどを併設すると臭いや騒音問題が発生することがあります。もちろん対策は行うべきですが、ある程度理解をしていただけるかどうかも長く営業するためには大切なポイントです。

ほかに確認しておきたいのは、隣接するテナントや同じ建物のほかの

H900 × W1200

54

開業準備編

契約前の「仮契約」

気になる物件が出てきたら、まずは正式な契約の前に、仮契約を行いましょう。テナントは正式な契約をしたそのタイミングから家賃が発生することになります。家賃が発生してしまうと不安感から準備を焦って進めてしまい、後悔をしてしまうこともあるかもしれません。

これを避けるため、一時的にテナントを押さえる目的でいくらかの手付け金を支払って仮契約を行う方法もあります。最近は仮契約ができない物件もありますので、不動産業者に相談してみましょう。不動産業者も商売ですので、本当に借りる意思があるのかどうかによって対応が異なるかもしれません。ですので、とりあえず押さえるのではなく、本当に迷っている物件のみ仮契約を相談するほうがよいでしょう。これにより1週間程度待ってもらえることもあるようです。

仮契約ができる場合には、手付金の家賃発生ができれば費用負担は楽になります。通常は、開業前の内装工事の着工時が家賃発生となることが多いのですが、長らく空いていたテナント物件であれば、交渉は可能になることもあるようです。まずは不動産業者に相談してみましょう。

契約書には家賃改定に関する内容が書かれているでしょう。家賃の改定条件がどのようになっているかを必ず確認しておきましょう。貸主側に有利な条件で決まるのではなく、貸主・借主の双方が協議した上で改定するようにしておくことが重要です。

本契約

物件に迷いがなければ、仮契約後に本契約に進むことになります。テナントの賃貸契約を締結する際には、契約書に記載される「賃貸開始時期と家賃の改定内容」、「退出時の明け渡し条件」、「内装工事に関する制限」において注意が必要です。

テナント契約の締結時期と開業時期は異なりますので、開業時期からしっかりと確認しましょう。契約条件によっては、退出時に完全原状復帰という条件が付いていることもあります。建物本体に関しては工事費が高額になることもありますので、現状引渡しが可能かを相談してみましょう。

それ以外にも、物件によっては内装工事に関しての制限が設けられていることもあります。防音対策や水回り工事が必要になることもありますので、内容の確認を忘れずにしておきましょう。

少しでも契約時に疑問点や不安なことがあれば、必ず質問するようにしましょう。それらの質問に対して誠心誠意答えてくれる不動産業者であれば問題ありませんが、ごまかしたりはぐらかしたりするようであれば、テナント契約そのものを考え直すことも検討しましょう。

契約書には家賃改定に関する内容が書かれているでしょう。

意外と忘れがちなのが、退出時の明け渡し条件です。この条件は、契約時に決めたことが最後まで有効となりますので、このタイミングで

開業準備編

自宅開業サロンの場合

自宅の一部をサロンとして建築・改築して開業する人も多いのではないでしょうか。
ここでは、自宅開業とテナント開業の違いをまとめました。

自宅開業のメリット・デメリット

お店を始めるにあたっては、テナントを借りるのではなく、自宅を利用して開業する場合もあるでしょう。まずは自宅開業のメリットとデメリットについて見ていきましょう（図1）。

● メリット

① 開業準備の手間が少ない

自宅でお店を開くわけですから、物件はすでに決まっており、テナントを探す必要はありません。しかも、住み慣れた町であれば、エリア特性もすでに知っていることが多いでしょう。テナント物件では必要なエリア特性を調べたり、物件を探したりという手間を省くことができます。

また、近隣のお店とも最初から上手く協力して運営していくことができるかもしれません。このように最初から地域に根差した運営ができるという点も自宅開業のメリットと言えるでしょう。

② 小額投資の出店が可能に

自宅開業では、テナント開業の場合にかかる保証金や家賃などがかかることはありません。そのため自宅の物件によっては小額での出店が可能になります。その分、設備に投資をすることができることが多いようです。

③ 地域に根差した運営が可能に

住み慣れた街であれば、近隣には多くの知り合いもいることでしょう。最初からお客さまがいることは非常に心強いでしょうし、口コミや紹介も起こりやすいと言えます。

● デメリットと注意点

① 自宅の用途地域に要注意

自宅開業の場合は、住宅地であることが多いため、「用途地域（都市計画法により定められている、地域における建物の用途に一定の制限を行う地域。住居系、商業系、工業系と分類される）」での制限を受けることがあります。

お店を始める前は理解を示してくれていた近隣住民も、実際に営業が始まり、鳴き声などの騒音や臭いの問題が出てくるとトラブルになってしまうこともあります。とくに、ペット

用できる業種が制限されていたり、使える広さが限定されていたりと注意しておきたいポイントが多くなります。これを知らずに開業準備を進めてしまうと営業認可が下りない可能性もありますので、必ず事前に役所に相談して「都市計画図」を入手し、開業予定地がどんな地域なのか確認しておきましょう。なお、テナントの場合も用途地域の制限を受けますので、確認が必要です。

② 近隣住民への配慮が必要

お店を始める前は理解を示してくれていた近隣住民も、実際に営業が始まり、鳴き声などの騒音や臭いの問題が出てくるとトラブルになってしまうこともあります。とくに、ペット

開業準備編

図1　自宅開業とテナント開業のメリット・デメリット

	メリット	デメリット
自宅開業	・開業準備の手間が少ない ・小額投資の出店が可能に ・地域に根差した運営が可能に	・自宅の用途地域に要注意 ・近隣住民への配慮が必要 ・広告宣伝費をしっかりと ・発展のためのスペースの問題 ・移転が難しいことも
テナント開業	・開業場所は自由に決められる ・将来の発展を考えた物件選びができる ・商業地であれば通行客への認知が可能になる ・近隣に大きなテナントがあれば、移転もスムーズに	・開業準備に時間がかかる ・テナント費用など、開業費用や運営費用が負担になる ・施設の老朽化や家主の事情によっては、移転・立ち退きの可能性も

ホテルの営業を行う場合は注意しておきたいことです。なかにはこれまで築いてきた人間関係が崩れてしまうケースも見られますから、事前の説明は十分に行いましょう。

③ 広告宣伝費をしっかりと

住宅地の場合、周辺の住人しか店の前を通らない可能性が高く、お店の広告宣伝には費用をかける必要が出てくるでしょう。場所によってはお店へ誘導する看板やホームページの強化、チラシ配布など、お店の存在を伝えるための広告宣伝を強化していく必要があります。

④ 発展のためのスペースの問題

自宅でサロンを経営する場合、あまり広いスペースを用意できないこともあるため、人員を増やしたり、商品スペースを確保できなかったりという問題が出てくることがあります。

開業前は「こぢんまりとやっていきたい」と思っていても、営業が軌道に乗ってくると「もっとたくさんのお客さまに来てほしい」、「物販商品を多くそろえたい」といった考え

が膨らむケースも多いようです。

　　　　　　　＊

　このように見ると、自宅開業の大きなメリットはテナント開業に比べて投資額の少なくて済む点と、物件選びの手間がないなどの開業前の費用や準備を減らすことができる点だと言えるでしょう。

　その一方で、開業してからは販促費やスペースの問題などが起こりがちのようです。将来の発展を考える場合には、自宅開業という形態では限界があることを認識しておきましょう。

「将来イメージ」を考えよう

　こうして見ていくと、テナント開業、自宅開業それぞれにメリット・デメリットがあることがわかると思います。そのため、どちらを選ぶか悩む人も多いかもしれません。そういった場合には、「将来的にお店をどのようにしていきたいのか」といった「将来イメージ」が非常に重要となります。

　自宅開業の場合、周辺にテナント物件が少ないことが多いため、一度オープンすると移転するのは難しいこともあります。最初の負担が少ないからという理由だけで考えるのではなく、将来イメージをしっかりと考えた上での選択をしておくことが重要です。

ん。しかし、いろいろなサービスを取り入れたい、スタッフを何人も雇いたいなど、お店の発展を目標とする場合には、最初からテナント開業を選択するという考えも必要になります。

　自分ひとりが食べていけるだけの規模で長くやっていきたいのであれば、自宅開業でも良いかもしれません

2
始動編

事業計画を立てて物件が決まったら、
次はいよいよ「箱(お店)の中身」を考えていきます。
無駄な出費を抑えつつ、
オーナーの個性を出せる間取りや内外装を目指しましょう。

始動編

店舗の間取りと配置

店舗のどこに何を配置するかということは、お店にとってたいへん重要です。
動きやすく、かつ集客効果を高めるような間取りをしっかり考えましょう。

サロン内の配置を決めるときには

まずはペットサロンとして必要な諸室を考えてみましょう。一般的には、①入り口（外観・エントランス）、②受付、③ホール、④ラウンジスペース、⑤物販スペース、⑥生体スペース、⑦WC・手洗い（お客さま用）、⑧トリミングルーム、⑨シャンプールーム、⑩ペットホテルスペース、⑪ストックルーム、⑫スタッフルーム、⑬更衣室、⑭WC（スタッフ用）などが考えられます。サロンでの提供機能が飲食にまで及ぶ場合には、さらにキッチンなどが必要となります（この場合は別途「食品営業許可」が必要となります。事前に保健所などに相談してください）。

これらの諸室をサロンコンセプト、店舗の広さなどから優先順位を付けて、採用していきます。外から見たときの視認性、サイン計画も考慮した、また店舗内の機能動線も考慮した配置計画が重要となります。

左ページの図1の基本的な配置計画図（イメージ）をもとに、主な諸室のポイントを見ていきましょう。

①入り口（外観・エントランス）

店舗の形態によりますが、サロンのコンセプトにより、そのアピール機能がある場合も含めて店舗全体のバランスからその広さを決めていきましょう。また、チラシやPOPなどの販促用の掲示板を設置する場所も考慮しておくと良いでしょう。

ドアのデザインもそのひと役を担っています。自動ドアにする場合は、タッチスイッチにすると良いでしょう。光電センサーなどの場合は一定のあいだ開放されるため、脱走の危険が付きといいます。ドアの場合は、内側にゲートを設けると脱走防止に役立ち、お客さまへの配慮にもなります。

②受付

③の一角に設けることとなります。トリミングの受け渡しと、物販デザイン（店舗の外観全容）、サイン計画、使用材料などを考慮することになります。②③④⑤⑥⑧との関連性から入り口の位置が決まってきます。

③ホール

④ラウンジスペース

⑤物販スペース

③④⑤⑥をまとめてひとつのスペースに設けることが多いと思います。生体スペースを設ける場合はウインドー側に作り、外からの視認を取ることを考慮しましょう。

物販スペースは壁側に設けることが多いですが、アイランド型に配置することもあります。スポットライトなどの照明計画も含め、購買意欲を向上するような手法を取り入れていきましょう。スペースの余地があ

⑥生体スペース

図1　ペットサロンの配置計画図

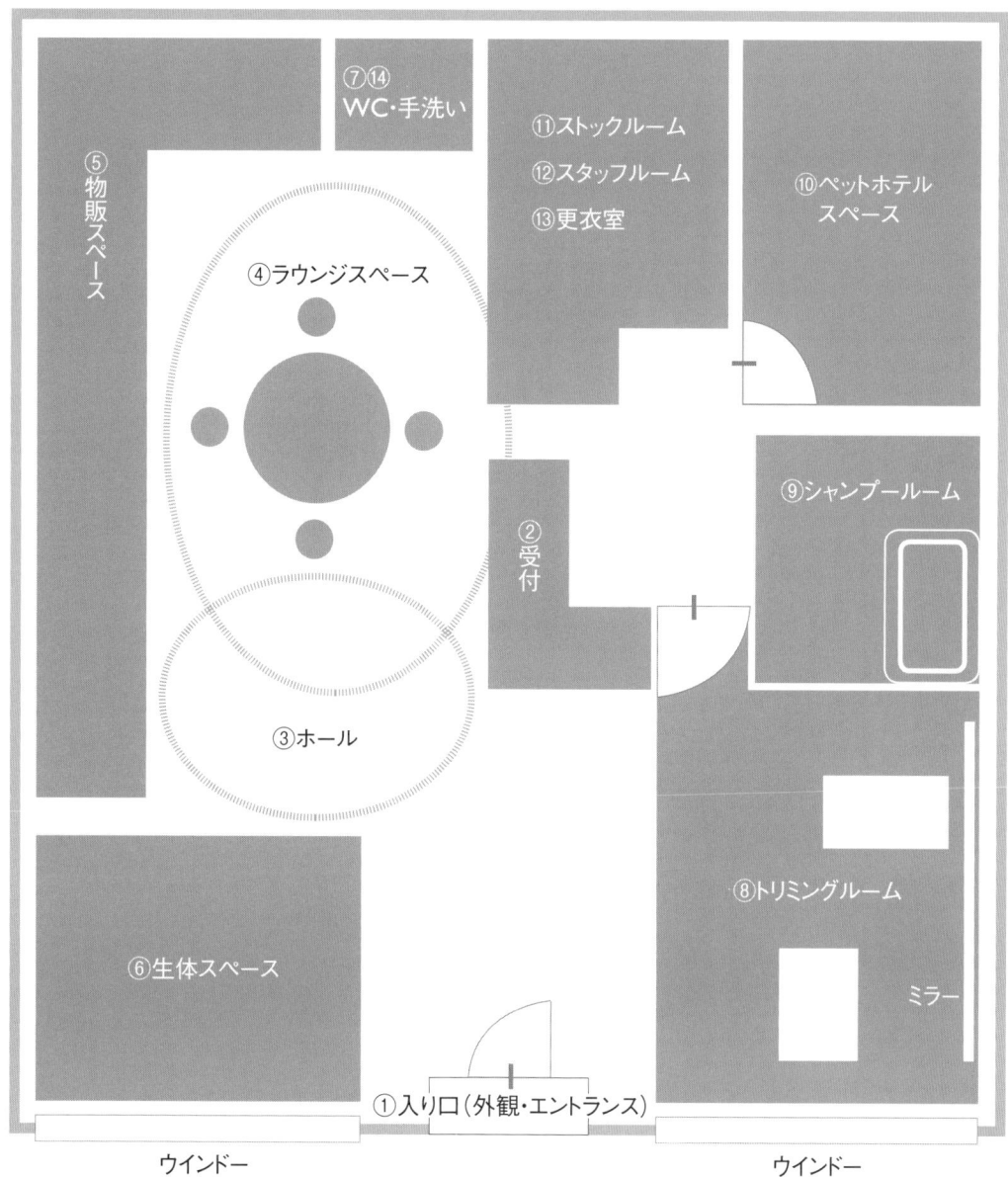

- ⑦⑭ WC・手洗い
- ⑪ ストックルーム
- ⑫ スタッフルーム
- ⑬ 更衣室
- ⑩ ペットホテルスペース
- ⑤ 物販スペース
- ④ ラウンジスペース
- ② 受付
- ⑨ シャンプールーム
- ③ ホール
- ⑧ トリミングルーム
- ミラー
- ⑥ 生体スペース
- ① 入り口（外観・エントランス）
- ウインドー　　ウインドー

ければ、これらを取り込む形でラウンジスペースを設け、テーブルやチェアなどを配しても良いでしょう。

これらのスペースには、日差しがどんな入り方をするかということも注意しなければなりません。商品の退色や劣化、生体の空調や換気にも配慮が必要となりますので、十分に留意してください。

⑦ WC・手洗い（お客さま用）

お客さまの滞留時間の長いペットサロンでは、お客さま用のWCが必要となってきます。女性客の来店が多いことを考えたデザイン、機能を考慮すると良いでしょう。また、WCとは別に手洗いスペースを設けることができればなお良いでしょう。場合によっては、スタッフ兼用でもかまいません。

⑧ トリミングルーム
⑨ シャンプールーム

これらはワンルームで設ける場合と、別々に設ける場合があります。トリミングルームはウインドー側に設け、外からの視認を取るケースが多く見られます。また、店内からも

ウインドーにすることによって、よりサロンをアピールできることにつながり、集客効果を高めることができるでしょう。そのためにもトリマーが動きやすいスペースを確保することが必要です。

壁面の一部にミラーを配する場合もあります。スペースを広く見せるとともに、カットの確認にも役立ちます。ドライヤーの設置方法には、キャスター式、天吊り式、壁付け式などがありますが、ウインドーに当たらないよう、その配置に注意しましょう。

ワンルームの場合、ドッグバス（トリミングシンク）は、ウインドー②と⑧⑨との動線を考慮するとともに、鳴き声への対策も取る必要があります。またシャンプールームを別にする場合も、ウインドーから離れたところに設けることをお勧めにする。シャンプースペースは湿気が多くなるので、その空調換気にも配慮が必要です。

出入り口ドアは、トリミングルーム側に開くようにすると、脱走防止に役立ちます。また敷居を上げることにより、大量の毛の拡散も防ぐことができます。

⑩ ペットホテルスペース

スペース自体を店舗の奥に設けるとともに、壁、天井、ドアなどは防音構造にしておくとよいでしょう。

また、犬同士の距離を踏まえたケージの配置、排泄物の処理にも配慮する必要があります。出入り口のドアは、ここでもホテルスペース側に開くようにすると、脱走防止に役立ちます。

⑪ ストックルーム
⑫ スタッフルーム
⑬ 更衣室

物販在庫（物販スペースに設置するディスプレー台の種類によって多少の在庫収納ができるものがあります）や、備品在庫を保管するためのスペースとなりますが、棚卸しがしやすい配置をするとよいでしょう。

また、店舗スペースに物販在庫を保管する余裕がない場合には、スタッフルームや更衣室と兼用する場合もあります。

62

始動編

トリミングルームはどう作る？

店内の間取りを決めたら、いよいよトリミングルーム内部に取りかかりましょう。毎日長い時間を過ごすだけに、こだわって作りたい場所です。

トリミングルーム内の配置

トリミングルームの機能は、主にシャンプー（トリミングシンク、ドッグバス）とトリミング（トリミングテーブル、ドライヤー）になります。ペットホテル機能も必要となる場合には、犬の保管（ケージ）機能も設ける場合もありますが、そちらを兼用する場合もあります。

シャンプーとトリミングを同一空間にするのか別空間にするのかは、店舗の広さやほかの諸室機能とのバランスによって判断しますが、可能であればシャンプー機能は別空間にすることをお勧めします。湯気などの湿気で部屋全体を汚すことになったり、エアコン効率が悪くなったりするのを防ぐだけでなく、機器等の故障低減にも役立つからです。

また、サロンの核となるアピール性の高いトリミング機能とは一緒にしないほうが賢明でしょう。やむなく一緒にしなければならない場合は、奥の死角となるエリアに設け、汚れる範囲を最小限にするとともに、トリミングテーブル、ドライヤー、ケージなどの配置に注意しましょう。また、タオル、備品、美容材などを保管するには、機能的で毛の拡散対策を考慮した収納（扉付き）を設置することも必要です。毛は、収納以外にも部屋の出入り口などに工夫をして、ほかのスペースへの拡散も防止しましょう。

吊り式、壁付け式がありますが、その動作範囲を確認し、ウインドーや壁面への衝突防止に配慮した配置にしましょう。

見落としがちなのは、臭いや鳴き声、排水管への毛詰まり対策です。近隣住民とのトラブルは、お店の評判にも影響します。開業してからでは難しい工事事項ですので、十分配慮しましょう。

床、壁、天井の仕上げのポイント

● シャンプールーム

床：シャワーを使用するわけですから、床の防水性が必要となります。これは、「ウエット方式」と「ドライ方式」の2つの工法があります。

「ウエット方式」は、床に水を流すことを想定しており、タイル（防水下地）、FRP防水（ノンスリップ）などがあります。ただしこの場合は床に排水溝や目皿などが必要となり、ここでの毛詰まりや、臭い対策を講じなければなりません。また、タイル目地への臭いの浸み込みなどもあるので、清掃の頻度が高くなります。

「ドライ方式」は、水を流すのではなく拭き取ることを主とする工法です。長尺の塩ビシート等を使用し、継ぎ目は溶接して施工しますので、溶接工法が可能な材料を選定します。これは、基本的にはシャンプーはシンク内で行いますから、飛び散った水を拭き取ることができれば

良いという考えの方式です。生体を数多く扱う昨今の動物病院で「ドライ方式」が多く採用されていることからも、拭き取ることがクリーンにつながると考えて良いでしょう。

天井：湿気の多い空間の天井では、クロスは浮いたりはがれたりしやすいため厳禁です。浴室の天井をイメージすると良いでしょう。「バスリブ」と称した、水周り天井で使用される材料を選択します。この材料は断熱材が裏打ちされていて、湿気の多い場合に生じる結露対策にも役立ちます。

壁：シャワーやシャンプーの泡水、さらに濡れた毛などが飛び散るわけですから、耐水性と耐衝撃性の高い、拭き取ることが容易な壁材を使用します。いわゆるキッチンパネルのような、継ぎ目を少なくできる大判パネルを使用すると良いでしょう。こうしたパネルは、少し工夫すればシャンプーなどを置く備品棚を組み込むことも可能であり、機能性も向上します。クロス（壁紙）は湿気ではがれやすくなり、また衝撃や引っかきによって破れやすくなるためお勧めできません。タイルは拭き取ることはできますが目地部のカビ対策と称した材料を選定しましょう。

●**トリミングルーム**

床：トリミングルームはサロンの核となるアピール性の高い部屋であり、また長時間立ち仕事をしますので負担を軽減するためにも、デザインに配慮されたクッション性の高いCFシート（クッションフロアー）と称した材料を選定しましょう。

天井：クロスを使用することもありますが、吸音効果がある材料を選定しても良いでしょう。また、天吊り式ドライヤーを設ける場合は、取り付けのための下地補強を忘れないようにしましょう。

壁：一般的にはクロスを使用することが多いですが、そのなかでも拭き取りやすく、引っかきに強いものを選定しましょう。壁面の一部を鏡張りにするとカットを確認するのに役立ちますし、部屋を広く見せる効果もあります。壁付け式ドライヤーを設ける場合は、取り付けのための下地補強を忘れないようにしましょう。

設備計画のポイント

●**シャンプールーム**

給水・給湯：シャワーを使用するため、その水圧が重要です。店舗自体の水圧はもとより給湯器の性能にも起因するため、事前確認が必要です。

排水：シンクから流れるのは泡水ですから、排水管は太いほど良いわけではなく、あらかじめ用意されているケースは少ないようです。この場合は、シンクや排水トラップなどにへアキャッチを設けましょう。

空調換気：室内には毛が舞い、さらに湿気も多いため、エアコンや換気扇のフィルターへの毛詰まりは避けられません。機器の性能に頼らずまめに清掃することが求められますから、給排気があっての換気ですので、その設置も行いましょう。

照明器具・コンセント：湿気が多い部屋ですから、漏電対策が必要です。とくにシンク周りには、防水性の高い照明器具やコンセント（床からの高さに注意）を選定しましょう。また、手元が暗がりにならないような照明計画を心がけるようにしましょう。

- トリミングルームとシャンプールームを別室にすると、湿度や温度を調節しやすくなります。

- 小さな部屋ほど換気はしっかりと。フィルターは洗えるタイプのほうが節約になります。

- 実際に肌で水圧の強さを確認します。足りないようなら工事会社に相談して、加圧ポンプを付けるなどの処置を行いましょう。

- シンクの排水溝にトラップを付けるのも忘れずに。

- シャンプールームの床や壁は濡れやすいので、拭き取りやすい素材を選びましょう。

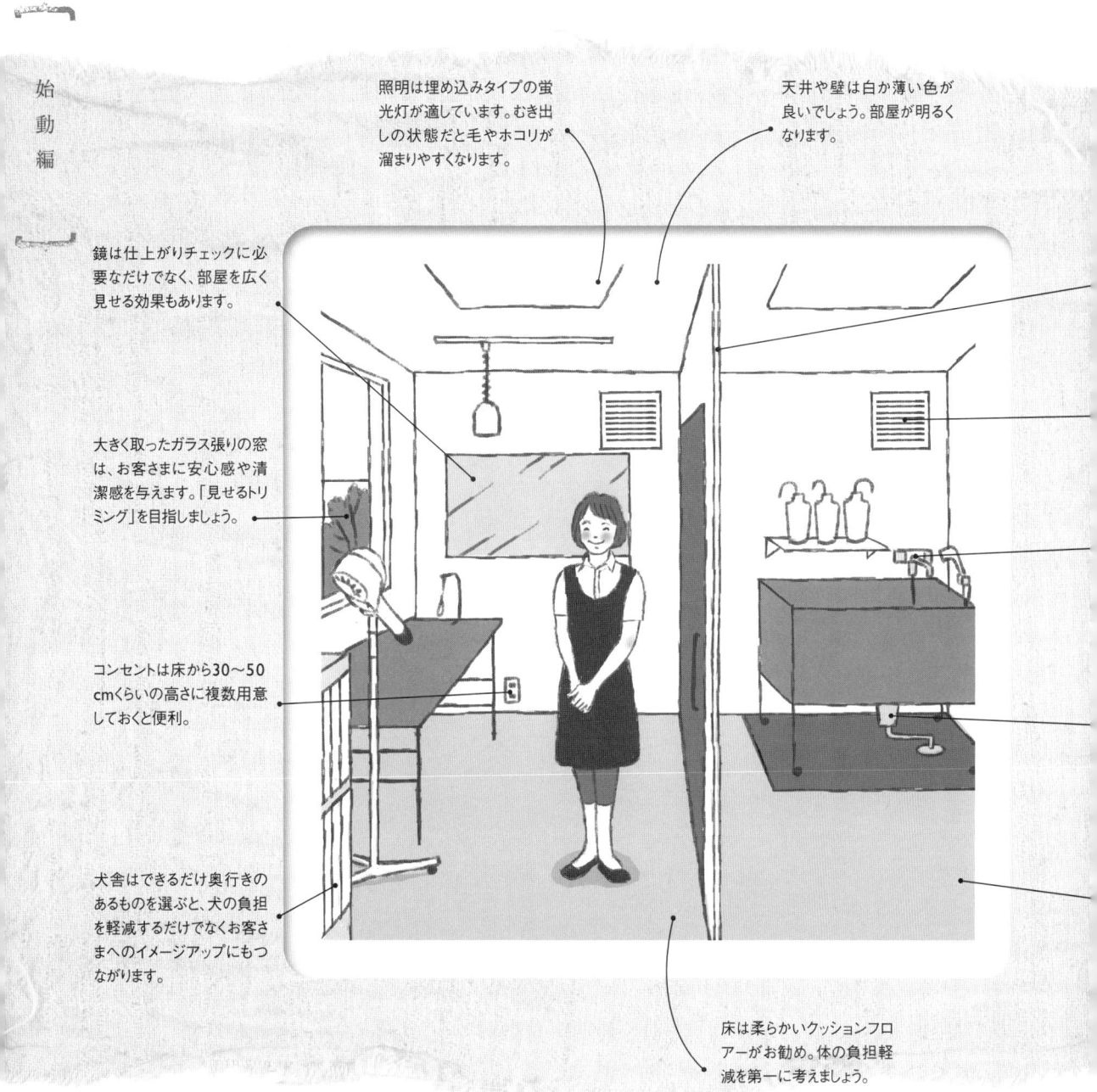

始動編

【図中の注釈】

- 照明は埋め込みタイプの蛍光灯が適しています。むき出しの状態だと毛やホコリが溜まりやすくなります。

- 天井や壁は白か薄い色が良いでしょう。部屋が明るくなります。

- 鏡は仕上がりチェックに必要なだけでなく、部屋を広く見せる効果もあります。

- 大きく取ったガラス張りの窓は、お客さまに安心感や清潔感を与えます。「見せるトリミング」を目指しましょう。

- コンセントは床から30〜50cmくらいの高さに複数用意しておくと便利です。

- 犬舎はできるだけ奥行きのあるものを選ぶと、犬の負担を軽減するだけでなくお客さまへのイメージアップにもつながります。

- 床は柔らかいクッションフロアーがお勧め。体の負担軽減を第一に考えましょう。

●トリミングルーム

空調換気：シャンプールームと同様に、エアコンや換気扇のフィルターへの毛詰まりは避けられません。ひんぱんに清掃することを心がけましょう。機器を別室に設けて毛詰まりを防止する方法もありますが、温度・湿度管理には比較的費用がかかりますので、慎重に検討してください。また、ドライヤーを使用しますので、その分エアコンの性能が高いほうが良いでしょう。もちろん換気の設置も必要です。

コンセント、照明器具：ドライヤーを使用しますので、その電気容量を考慮する必要があります。その箇所分、ブレーカーを単独回路にするなどの配慮が必要でしょう。また壁付けのコンセント（床からの高さに注意）では、作業に支障が出る場合もあります。天井からのリーラーコンセントなどの採用も考えましょう。部屋全体に毛が舞うことを考慮し、照明器具は天井埋め込み式のカバーが付いたものを選定すると、毛やホコリが器具に溜まりにくくなります。

内外装工事のポイント

始動編

店舗の間取りや配置が決まったら、設計・施工の準備にかかります。
コンセプトに沿ったペットサロンを作り上げるために、押さえておきたいポイントを確認しましょう。

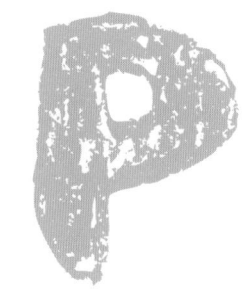

作り手の選定

明確なサロンコンセプトに基づいたペットサロンを作るには、そのコンセプトがお店の端々に反映されていなければなりません。そのためには、作り手（設計事務所または工事施工者）の選定、選択、発注が重要となります。その仕組みについて見てみましょう。

①設計事務所依頼タイプ

サロンコンセプトを設計者に伝え、それに基づいた設計図を作成してもらいます。予算、開業希望時期、サロンの要望などを投げかけ、それに対しての提案や意見といったキャッチボールを通じ、詳細な仕様まで設計図に盛り込んでもらいます。

ペットサロン美容、または美容関連施設（ペットサロン、動物病院、ヘアサロンなど）の実績のある設計事務所であれば、より良いアイデアを提案してくれるでしょう。施工者については、数社を選定し、要望、仕様の根拠となる、要望や仕様を設計図に示してもらわなければなりません。施工者内での設計者の選定と打ち合わせを進めることが肝心です。

その見積もりの仕様が相違してしまうことが多く、的確な比較検討が難しい場合がありますので注意してください。実績などから施工者を数社選定し、面談を通じ信頼関係を積み重ねて進めていきましょう。

②施工業者依頼タイプ

サロンコンセプトを施工者に伝えますが、いきなり見積もりというわけにはいきません。まずは見積もりのものを用意するのが良いでしょう。さまざまな媒体（書籍、インターネット、実例）などから、イメージとなる写真や言葉を収集してみてください。

店舗の外装（外観）、サインから内装（インテリア）に至るまで、ちまたには情報があふれています。コツコツと蓄積していくことで、コンセプトに合ったイメージがより明確につかめるはずです。思い付いたこ

設計図に盛り込んでもらいま
す。
　これにより比較検討が可能となり、競争原理が働いたお値打ちな金額が期待できます。
　施工者が決定している場合でも、設計図に基づいた見積もりになりますので、明確な検討、折衝が可能となります。また、工事中においてもこの設計図に基づいたチェック、検討ができます（「監理業務」として設計者に依頼することも可能です）。

サロンコンセプトを明確に伝えるには

コンセプトは、「概念、観念、考え」を表す言葉ですが、設計者や施工者に具体的にどうしてほしいのかを伝えるためには、やはり目で見てわかるものを用意するのが良いでしょう。

始動編

優先順位を決めて予算の調整を

いざ見積もりをしてみると、予算をオーバーしてしまって頭を抱えるケースがよく見られます。ですが、予算を見越して要望を調整することは難しいもの。最初はオーバーしても良いくらいの気持ちで、まずは要望をしっかりと伝えましょう。

また、サロンの工事にかけられる予算は、事業全体からの予算仕訳によりますが、同じ内容、仕様の工事でも経済状況や開業場所によって異なってきます。こうしたケースでは、お客さまの目線に立ち、売り上げに寄与する項目から優先順位を検討、選択し、予算を調整していきましょう。

開業後、売り上げが上がってから施しても間に合うような工事項目は、意外とあるものです。設計事務所や施工業者に遠慮なく相談しましょう。

とをすぐに書き留めておくことも大切です。ノートなどを持ち歩き、ランダムでかまいませんからこまめにメモを取っておきましょう。

これらを作り手に提供して対話を重ねることで、サロンコンセプトが実際のサロンに近付いていきます。

言わばお客さまに食べていただきたい料理を作るための材料（ネタ）集めですね。味付け、盛り合わせ、盛り付けなどは、作り手とのキャッチボール次第。納得が行くまで打ち合わせを重ね、ビジョンを共有することが大切です。

自宅改装の場合

どのように改装するか

自宅を改装してペットサロンとする場合、まずは、法律的な面から押さえておきましょう。建築基準法では、都市計画法に定める用途地域内での建築制限があります。

① 改装
② 増改築
③ 別棟新築

いずれであっても適法でなければなりません。専門的な知識が必要になりますので、設計事務所や施工者に事前に相談しておいてください。

ここではこれら3つのパターンにおける主なポイントを示します。

---

① 改装（自宅の一部をペットサロンにする）

主なポイントは、水周り、コンセント等の電気容量（ドライヤー）、エアコン、換気扇、給気口、内装、外装（サイン含む）等となります。既設のインフラ（水道、排水、ガス、電気等）から分岐して利用することになりますから、その容量と接続経路などを十分に調査して進めるようにしましょう。また、ほかの部屋への毛の拡散防止も考慮する必要があります。ドアの作り方や換気扇の配置にも留意しましょう。さらにはご近所への臭い対策、鳴き声対策も十分な配慮が必要です。

② 増改築（自宅に増築を施し、一部とともにペットサロンにする）

増築する場合は、その増築床面積等によって、建築確認申請の提出、確認、完了検査が必要な場合があります。とくに建蔽率と容積率の制限に留意するとともに、既存建物と一体になった場合の合法性も問われます。また、既存建物の構造的な安全性も求められることがありますので、自宅だからといって安易に好きにしていいというものではありません。事前に専門家に相談することを勧めます。それらが確認できれば、あとは改装と同様に進めましょう。

③ 別棟新築（自宅敷地の余剰地にペットサロンを作る）

別棟の場合、その床面積等によって、建築確認申請の提出、確認、完了検査が必要な場合があります。増改築同様、専門家への事前相談が必要です。ユニットハウスやコンテナを活用することも考えられますが、昨今では、合法的手続きが必要なケースもあります。またインフラ整備（水道、排水、ガス、電気等）について、同一敷地内への複数個所の引き込みが認められない場合もありますので、十分注意してください。

始動編

登録・届出 これだけは必要

「動物愛護管理法」の改正によって動物取扱業への対応が強化されていますので、注意を払って進めましょう。

開業時に必要な届出書類を確認します。

ペットサロンは「動物取扱業」

平成25年9月1日より「動物の愛護及び管理に関する法律（以下「動物愛護管理法」）及び施行規則など」が改正されました。

これより前、平成18年に行われた改正では、「届出制」から地方自治体への「登録制」になり、「動物取扱責任者」の選任が義務付けられました。今回からはさらに、「動物取扱業」が営利を目的とする「第一種取扱業」と、営利を目的としない「第二種取扱業」の2つに分けられることになっています。従来の「動物取扱業」は「第一種動物取扱業」へと名称が改められています。ペットサロンは営利を目的とするため、新しく登録を行う場合は「第一種動物取扱業」への登録が必要となります。

動物取扱業別に行う必要があります。そのため同一のペットサロン内で、トリミングだけでなくペットホテルや生体販売も行う場合には、「販売」と「保管」の2種類の登録申請が必要になります。

また、チェーン展開をしている企業が数軒のペットショップを営業する場合であれば、その分の登録申請を行わなければなりません。複数の店舗が同一の土地にあり、それらを同一の施設とみなすか否かなどの判断については、申請前に担当窓口で確認しておくべきでしょう。

「動物取扱業登録申請書」には、動物取扱責任者の「要件」を書く欄があり、「実務経験」や「教育」、「資格」などを書き入れることになります。

動物取扱業の登録申請（図1）は、共通使用が可能な添付資料については1部の提出で良い場合もありますが、登録申請書は別葉となりますを一括して行うことが可能です。また、申請は、事業所の所在地を管轄する都道府県知事または政令市の長に対して行いましょう。

●「動物取扱責任者」の選任

第一種動物取扱業者である施設は「動物取扱責任者」を1名以上置く必要があります。また、常勤の職員から専属として選任されるため、他店舗との兼務はできません。

●年1回以上「研修会」を受講

動物愛護管理法では、事業所職員の能力や知識を向上させるため、動物取扱責任者に都道府県が開催する「動物取扱責任者研修」を年に1回以上受けさせるように規定しています。

一般的には、半日程度の時間、動物愛護管理制度（条例を含む）、飼養施設の管理方法、動物の飼養保管す。この要件については各都道府県で判断にばらつきがあり、ある県ではAというライセンスでOKだったのに、ほかの県では認めてもらえなかったというケースも発生しています。申請を行う場合は、事前に担当窓口に打診しておくと良いでしょう。

68

始動編

動物取扱業が扱う動物とは

ペットや展示動物として利用する動物で、ほ乳類、鳥類、は虫類に属する動物です。畜産農業にかかるもの、試験や研究、または生物学的製剤の製造のために飼養、保管されているものはのぞかれます。

＜動物取扱業の例＞

●販売…動物の小売りおよび卸売り、ならびにそれらを目的とした繁殖または輸出入を行う業。
【具体例】小売業者、卸売業者、販売目的の繁殖または輸入を行う業者、露天等における販売のための動物の飼養業者

●保管…保管目的で顧客の動物を預かる業。
【具体例】ペットホテル業者、美容業者、ペットシッター

●貸出…愛玩、撮影、繁殖その他の目的で動物を貸し出す業。
【具体例】ペットレンタル業者、映画等のタレント・撮影モデル・繁殖用等の動物派遣業者

●訓練…顧客の動物を預かり訓練を行う業。
【具体例】動物の訓練・調教業者、出張訓練業者

●展示…動物を見せる業（動物とのふれ合いの提供を含む）。
【具体例】動物園、水族館、動物ふれ合いパーク、移動動物園、動物サーカス、乗馬施設、アニマルセラピー業者

●競りあっせん業…動物の売買をしようとする者のあっせんを会場を設けて競りの方法により行うこと。
【具体例】動物オークション

●譲受飼育業…有償で動物を譲り受けて飼養を行うこと。
【具体例】老犬老猫ホーム

※施設を持たずに出張トリミングを行う場合も、「訓練」と同じ解釈により「保管」に該当することになります。「保管」は法律上"業として保管"という意味でとらえれば、管理という意味を含むものです。したがって、依頼者（飼い主）の自宅を訪問して施術を行う場合であっても、施術者（トリマー）の管理下にあれば一時的に"保管状態"にあることになります。

方法に関することなどを内容とする研修が行われます。受講料は自治体によって無料～数千円と異なります。

あらかじめこの研修の課程を修了して修了証を受け取り、これを動物取扱業登録申請の際に添えることを義務付けている自治体もあります（東京都など）。つまり、登録申請をする過去1年以内に研修を受けた人を「動物取扱責任者」として選任しておかなくてはいけません。登録直前に慌てないように、早い段階で各都道府県の条件を確認しておくのです。

●生体販売を行う場合には

「犬猫等販売業開始届出書」や「犬猫等健康安全計画」などの提出が必要になります。また、営業開始後は個体ごとの帳簿の作成・管理、毎年1回の所有状況報告も義務付けられています。

このように、生体販売を行う場合にはトリミングのみを行う場合よりも多くの届出や帳簿作成が必要になるのです。

図1　「第一種動物取扱業登録申請書」

書式は環境省のホームページからダウンロードできます。
http://www.env.go.jp/nature/dobutsu/aigo/1_law/files/trader_c1_1.pdf

● 「動物取扱業者標識」を掲示

登録業者の証明である「動物取扱業者標識」は、お店に入ったお客さまから見えやすい受付カウンターの周りなどに掲示します。

● 5年ごとの更新を忘れずに

登録は、5年ごとに更新する必要があります。更新の申請は、有効期間の末日の2カ月前から可能です。また、申請事項に変更が出た場合は、登録を受けた行政機関に対して変更の届け出を行いましょう。

開業に必要な手続き

動物取扱業の登録申請以外にも、新たに事業を開始したときには次のような手続きや申請が必要です。

● 「個人事業の開業届出書」（図2）

事業開始の日から1カ月以内に納税地の所轄の税務署へ提出（※法人の場合は「法人設立届出書」（図3）。

● 「青色申告承認申請書」

青色申告を希望する場合のみ申請が必要。申告をしようとする年の3月15日まで（その年の1月16日以後に新たに事業を開始したり不動産の貸し付けをした場合には、その事業開始等の日から2カ月以内）に納税地の所轄の税務署へ提出。

● 「青色事業専従者給与に関する届出書」

青色申告を希望する場合に、家族を従業員として雇う場合に、納税地の所轄の税務署へ提出。期限は右記の通り。

● 「給与支払事務所等の開設等届出書」

従業員を雇う場合のみ申請が必要。雇用の日や開業日から1カ月以内に納税地の所轄の税務署へ提出。

● 「個人事業開始申告書」

事業開始の日から1カ月以内に、事業所在地の都道府県税務事務所へ提出。

このほか、特例を希望する場合にのみ必要な届出もあります。また、動物用医薬品を取り扱いたい場合や、ドッグカフェ（飲食店）を併設したい場合などは、それぞれ別途届出が必要です。

図2　「個人事業の開業・廃業等届出書」

書式は国税庁のホームページからダウンロードできます。
http://www.nta.go.jp/tetsuzuki/shinsei/annai/shinkoku/pdf/04.pdf

図3　「法人設立届出書」

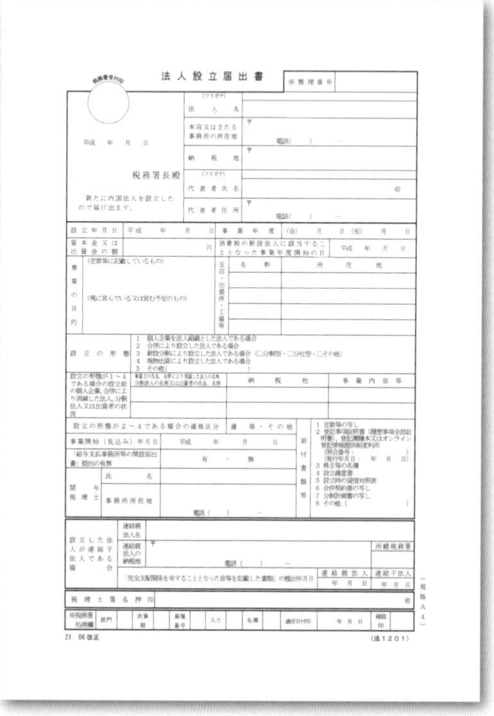

書式は国税庁のホームページからダウンロードできます。
http://www.nta.go.jp/tetsuzuki/shinsei/annai/hojin/annai/pdf2/001.pdf

3
オープン準備編

物件や内装などの店舗作りと並行して、
ソフト面の準備も進めていきましょう。
完成したお店で売るメニューやその料金、そして
効率良く仕事を回していくためのさまざまな備えです。

オープン準備編

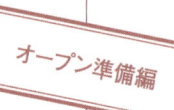

店舗運営用品をそろえよう

カウンター周りの店舗運営用品は、扱い慣れていないと見落としがちです。
不備がないかしっかりチェックしてお客さまを迎えましょう。

製作が必要な事務用品・印刷物

デザインや文書作成の必要があるものの、印刷を外注するものは、オープン40日前ごろから準備しておきましょう。

●顧客カルテ

自店のコンセプトに合ったカルテを作成します。これは「顧客カルテは機能的に」（74ページ〜）を参考にしてください。

●オープン告知チラシ
●パンフレット類

準備が整ってきたら、サロンのオープン広告を作り始めます。印刷所に発注する場合は、納品日が遅れないようにとくに余裕をもって準備をしましょう。「お客さまを呼び込む広告とチラシ」（86ページ〜）で解説します。

●名刺

名刺は自分の名前と所属だけではなく、お店をPRできるアイテムでもあります。ロゴや営業時間、裏面に地図なども入れておくと良いでしょう。顧客カルテと違って積極的に人目にふれるものなので、外注してきちんとした名刺を作るほうがベターです。

●ゴム印

領収書や宅配便の荷物の受領書と、ひんぱんに使用するものです。インターネットで受注し、短期で仕上げてくれるサービスもあります。

サービスに応じて必要な書類

サロンで生体販売を行う場合は、次のものが必要です。

●飼育説明書

飼育に関する解説やアフターサービスの範囲などを明記しておきます。

●生命保証書

保証料は有料とするケースが多く、また、生体が死亡した際には代犬保障が一般的です。

●個体ごとの帳簿

動物愛護管理法の改正により、飼養する犬及び猫の個体ごとに、①品種等、②繁殖者名等、③生年月日、④所有日、⑤購入先、⑥販売日、⑦販売先、⑧販売先が法令に違反していないことの確認状況、⑨販売担当者名、⑩対面説明等の実施状況等、⑪死亡した場合には死亡日及び死亡原因について帳簿に記載し、5年間保存することが義務付けられました。そのため、個体ごとの帳票を用意しておく必要があります。

また、ペットホテルのサービスを行う場合は、次のものが必要です。

●ペットホテル預かり同意書

万一の事故やトラブルを想定した取り決めを盛り込んでおきます（135ページ参照）。

オープン準備編

購入する資材・用品

オープン20日前ごろから余裕をもって準備しておきます。見落としがちなものもあるので、チェックシートを使って買い忘れのないようにしましょう。

● 伝票・帳簿
● 複写領収書

レジスターに領収書発行機能がなければ、複写領収書は必須です。

● レジスター

売上管理の必需品です。小型簡易レジスターやバーコード対応レジスターなど、機能によって価格もさまざま。物販の商品点数が多くない店舗に適したレジスターなら、一般的に5〜10万円ほどの価格で入手できます。お客さまが現金を置くキャッシュトレーも準備しておきましょう。

● 金庫

日々使う現金を入れておく小型の手提げ金庫。お金の出入りは入出金伝票で行います。

行う場合、近隣地域の明細な地図は必需品です。

あると便利な備品

● ペット関連の雑誌や書籍

カットスタイル集はお客さまのオーダー時の参考になります。お客さまから飼育相談や生体購入の相談を受けることもあるので、受付付近に専門書を置いておくのも良いでしょう。生体販売を行う場合は飼育書も必要です。お店に待ち合いスペースがあれば、雑誌などを置いておくと喜ばれます。

● プライスカード

名刺大からハガキ大以上のものまで、数種類は購入しておきましょう。プライスカードホルダーもあると便利です。

● 地域の明細地図

送迎サービスやフードの宅配などを行う場合、近隣地域の明細な地図は必需品です。

● 防犯ミラー

一般的にスタッフはトリミングルームにこもることが多く、なかなか店のすみずみまで目が届きません。それをフォローしてくれるミラーは、防犯だけではなく、店内の犬の様子をチェックすることにも役立ちます。スプレーとしての効果もあります。

● 買い物かご

物販スペースが小さければ、スーパーマーケットのかごのようなサイズは不要です。ディスプレー什器としても代用できるスチール製のバスケット等を準備すると良いでしょう。

● 台車・脚立

折りたたみ式のものが一台ずつあると便利です。

● 傘立て

デザイン性の高いものなら、店頭ディ

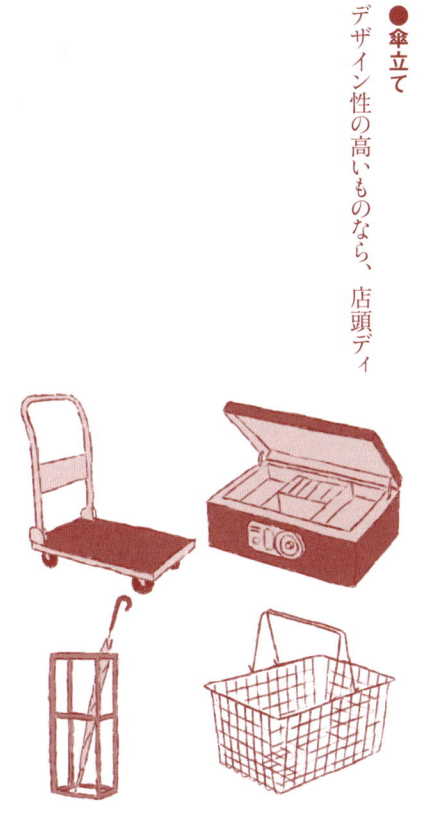

オープン準備編

顧客カルテは機能的に

お客さまと犬のさまざまな情報が詰まっているカルテは、日々の業務に欠かせないツールです。顧客の傾向を反映したサービスを提供するためにも、情報分析に役立つカルテを作りましょう。

顧客管理はダブルで

お客さまや犬の情報は、アナログとデジタルの両方で管理します。

すべてアナログにした場合、DMの送付や条件別で検索をするときに、かなりの時間がかかってしまいます。反対にデジタルだけでは、現場にパソコンを持ち運んだり、作業中にメモを取ることが困難です。日々使う情報は手書きで対応し、一方でデータベース化して、検索やDMに役立てると良いでしょう。

カルテに記入しておくこと

カルテでいちばん大切なのは「何のために使うか」ということです。そうすれば、予約の電話があったときにすぐに情報を取り出すことができ、ただの覚え書きなら細かい情報を書く必要はありません。必要な情報を得るのに手間がかかりすぎたり、結局使わなかったりするからです。

図1はカルテの一例です。このほかにもいろいろな記入方法がありますから、自店のメニューなどに応じて、使いやすいように改良してみてください。

①お客さまNo.

お客さまNo.はカルテ検索やデータ検索のために使います。『50音No.』という具合に付けて、No.検索用のノートを作っておくと便利です（図2）。カルテは五十音順にファイリングし、No.順に並べておきます。また、DMが宛先不明で戻ってきてしまった場合は、お客さまに電話で確認をして、住所変更や転居などの情報を「⑫お客さま情報」に記入しておきましょう。

②お客さまの名前

③住所

送迎やDM発送のために必要な情報です。住所は必ず郵便番号からすべて記入しておきましょう。郵便番号は地域検索のときに役立ちます。

④電話番号

作業中に万が一のことがあったときや、お客さまがなかなか犬を迎えに来ない場合に、すぐに連絡が取れる連絡先を記入しておきます。可能であれば携帯電話番号と携帯メールアドレスも聞いておくと良いでしょう。

⑤お客さまのメールアドレス

メールアドレスはDMを出すより安価にご案内を送ることができ、緊急時の連絡先としても使用できますから、アドレスを教えてもらいにくい場合などは、「トリミング後の写真をメールで送ります」と伝えると、教えてもらいやすくなるようです。

⑥緊急時連絡先

犬の状態やカット・スタイルについて具体的な会話ができるようになります。自分だけの特別な情報を提供されるとお客さまはとても安心でき、信頼につながるでしょう。

オープン準備編

図1　カルテの例

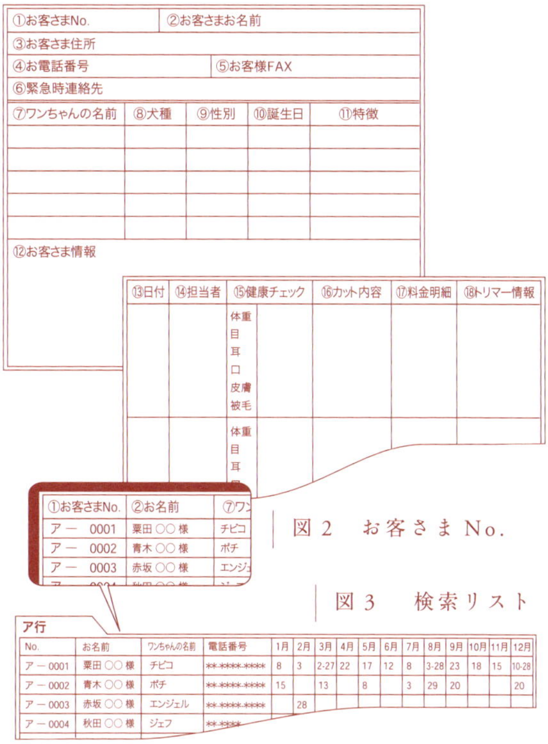

①お客さまNo.	②お客さまお名前		
③お客さま住所			
④お電話番号		⑤お客様FAX	
⑥緊急時連絡先			
⑦ワンちゃんの名前	⑧犬種	⑨性別	⑩誕生日	⑪特徴
⑫お客さま情報				

⑬日付	⑭担当者	⑮健康チェック	⑯カット内容	⑰料金明細	⑱トリマー情報
		体重 目 耳 口 皮膚 被毛			
		体重 目 耳			

図2　お客さまNo.

①お客さまNo.	②お名前	⑦ワン
アー0001	粟田○○様	チビコ
アー0002	青木○○様	ポチ
アー0003	赤坂○○様	エンジェ

図3　検索リスト

ア行

No.	お名前	ワンちゃんの名前	電話番号	1月	2月	3月	4月	5月	6月	7月	8月	9月	10月	11月	12月
アー0001	粟田○○様	チビコ	**-****-****	8	3	2-27	22	17	12	8	3-28	23	18	15	10-28
アー0002	青木○○様	ポチ	**-****-****	15		13		8		3	29	20		20	
アー0003	赤坂○○様	エンジェル	**-****-****			28									
アー0004	秋田○○様	ジェフ	**-****												

⑦犬の名前

多頭飼育に対応できるようにしておく必要があります。1枚に複数頭でも、カルテの枚数を頭数分増やしてもOKです。

またDMを出すときの宛名に、お客さまと連名で愛犬の名前を入れると喜ばれるでしょう。さらに、来店時や送迎時に犬の名前を呼ぶとお客さまは安心でき、犬も警戒心を少し和らげてくれます。

⑧犬種や毛色

犬種や毛色を書いておくと、新しい商品の取り扱いやサービスを始めたときにターゲットを絞ってDMを配信できます。

⑨性別

「女の子デー」や「男の子デー」を作り、それに合わせてディスプレーを替えたり、性別ごとのチラシを渡したりすると効果的です。

⑩誕生日

お誕生日だけの特別なサービスやプレゼントなどを用意しておくと、お客さまに喜ばれます。また、犬の年齢に合わせて、健康に関するアドバイスもできるようになります。

⑪特徴

好きなもの・嫌いなもの、好きな行為・嫌いな行為などを書いておくと、スタッフ全員で情報が共有でき、安全かつスムーズに仕事が進みます。

⑫お客さま情報

お客さまの特徴を把握できれば、会話やサービスがスムーズに進みます。好みや趣味など、できるだけ多くのことを書いておきましょう。ただし、カルテをお客さまに開示しなければいけない場面があるかもしれません。けっして否定的なことや失礼な言葉などを書かず、肯定的な表現で書くようにしましょう。

⑬日付

⑭担当者

⑮健康チェック

⑯カットやサービスの内容

⑰料金明細

⑱トリマー情報

いつ、誰が、どのようなトリミングをしたのか、どのような状態だったか、料金はいくらだったかで、できるだけ書いておきましょう。次の来店時に、今までの情報をスムーズに提供することができます。健康チェック項目は、前回と比較することで違いに気付き、お客さまにアドバイスすることができます。トリマーにしか気付けないことがたくさんありますので、なるべく細かく書きましょう。

また、日付は来店日がわかるだけではなく、来店頻度を測ることができます。たとえば1カ月に1回来ているお客さまであれば、25日くらいして「そろそろいかがですか」と連絡して、少し早く来てもらえるようにすると、年間の利用回数を増やすことができます。もしデータを整理する時間があれば、検索リストを表（図3）にして来店日を書いておくと、電話営業が楽になります。

オープン準備編

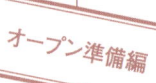

スタッフの雇用〜雇用までのポイント

サロン経営が軌道に乗り始めたら考えたいのがスタッフの雇用。
まずは雇用までのステップそれぞれで気を付けたいポイントを解説します。

スタッフの雇用の重要性

ひとりのトリマーとして雇われて働くことと、経営者として働くことの最も大きな違い。その1つが「スタッフを雇用する」ということです。

もちろん、スタッフを雇うことなく自分ひとりでサロンを運営することも可能です。とくに開業当初は来店するお客さまの数が予測しづらく、売り上げも不安定なため、スタッフを雇う余裕がないケースも多いでしょう。

しかし、自店に通ってくれるお客さまが増えたときに、もしもスタッフの数が足りないとどんなことが起こるでしょうか。ざっと挙げるだけでも、以下のことが考えられます。

① **機会の損失**
せっかく問い合わせてくれたお客さまが予約を取れなくなってしまいます。

② **サービスの低下**
ひとりで多くの頭数をこなそうとするあまり、トリミングの質が下がってしまいます。

③ **オーナーの疲弊**
忙しい状況で採用活動をしなくてはならなくなり、オーナーの体力的・精神的余裕がなくなります。

④ **採用レベルの低下**
慌てて採用活動を行うことによって、採用のハードルを下げてしまい、採用するお店は少なくないのであり、その後低迷してしまうお店は少なくないのです。

⑤ **お客さま離れと業績の悪化**
結果的にお店の魅力が低下し、お客さまが離れてしまいます。

もちろんすべてのお店がこのような道をたどるとは言いませんが、「肝心なときにスタッフが足りない」ということが、駆け出しのサロンにとっていかに致命的かということは、何となくイメージしてもらえたのではないでしょうか。

じつは、このようにスタッフの雇用がうまくいかないことにより、またとないステップアップ（売り上げ拡大）のチャンスを逃し、その後低迷してしまうお店は少なくないのです。

反対に、順調に成長しているお店は必ずといっていいほど上手にスタッフを雇い、育て、お客さまが増え始めたチャンスをモノにしています。

「ペットサロンのオーナーになろう」と決意したその日から、ヒトの問題は切っても切れないものです。理想のペットサロンに近付けるよう、上手にスタッフを雇用するコツをつかみましょう。

求人媒体の特徴

スタッフの雇用は、求人をして人を採用するところから始まります。まずは求人情報を掲載する媒体を選

オープン準備編

① 専門学校

求人の定番です。ただし専門学校からの応募は、新卒の実務未経験者がほとんどですので、その点には留意が必要です。

② インターネットの求人サイト

最近は、紙の媒体ではなくインターネットで仕事を探す人が増えています。求人情報サイトには無料のものと有料のものがあり、「掲載無料」と宣伝していてもオプションを付けると高額になるケースもあります。料金については事前にしっかりと確認しましょう。

③ 求人誌や新聞の折り込みチラシ

インターネットの普及により、以前すぐに辞めてしまうなどのトラブルが少ないというメリットがあります。

一方で、合わないと思っても断りにくかったり、万が一その人が不祥事を起こしてしまった場合に紹介者との関係が気まずくなってしまうといったリスクもあります。

お勧めなのは、専門学校出身のスタッフがいる場合に限りますが、その出身校の先生や就職課を通じて紹介してもらう方法です。学校としても評判にかかわりますから慎重に人材を選びますし、その学校の卒業生を雇用して「つながり」ができれば、将来的に優秀な人を紹介してもらえる可能性が高まります。

④ ハローワーク

無料で広く募集をかけることができます。ただし、ペット関連業務未経験の人が応募してくる可能性も高いので、採用の際には実務経験や就業条件を互いによく確認する必要があります。また、ハローワークに求人を出すためには、原則として雇用保険への加入が必要で、法人の場合は社会保険への加入が条件となります。

⑤ 知人やスタッフからの紹介

信頼できる知人や雇っているスタッフから紹介してもらう場合、ある程度サロンの状況を知った上で推薦してもらえたり、紹介者がいる手前ですが、紙媒体や求人情報サイトよりも情報量と内容の自由度は高まります。

⑥ 自店のホームページに掲載

自店ホームページでの求人活動は、非常に重要です。最近では、求人に応募する前にホームページを確認するということが当たり前のように行われているため、しっかりと整備しておくことをお勧めします。作成費用は制作会社によって異なります。

図1　求人活動のスケジュール例

	新卒採用	経験者採用
1月	冬休みの実習受け入れ	
2月	専門学校に求人票送付	
3月	春休みの実習受け入れ	
4月		6月の繁忙期に向けた求人
5月		WEBサービスへの掲載　地域折り込み媒体への掲載
6月	専門学校に求人票送付	
7月		
8月	夏休みの実習受け入れ	
9月		12月の繁忙期に向けた求人
10月		WEBサービスへの掲載　地域折り込み媒体への掲載
11月	専門学校に求人票送付　年末の短期アルバイト募集	
12月	年末の短期アルバイト受け入れ	

すので、応募者に伝えたい情報をたっぷりと盛り込みましょう。

求人情報のまとめ方

次に、求人媒体に掲載する情報をまとめます。どんな情報をどんな風に見せたら良いのでしょうか。

①スケジュールを意識しよう

求人は、応募者が就職先を探しているタイミングをうまくつかむことが大切です。年間スケジュール例（図1）を参考に、計画的に行いましょう。「人が足りない！」と思ってから慌てて求人活動をすると、失敗することが多いもの。費用や人員状況との兼ね合いになりますが、日ごろから求人活動を行うことが大切です。

②働くイメージが湧きやすい情報を盛り込もう

新しいサロンに就職するときは誰でも不安になるものです。とくに最近は就職先選びの決め手として、職場の雰囲気や一緒に働くスタッフがどんな人かを重視する人が多くなってきました。店内や仕事風景、オーナーやスタッフの写真、食事会や旅行をしたことがあるならその情報などを盛り込むなど、応募者にとって「自分が働く姿がイメージできる」、「ここで働いてみたい」と思ってもらえるような情報を提供することを心がけましょう。

③就業条件は具体的に示そう

求人誌などを見ていると、「給与は委細相談」、「まずはお電話を」というような表記がよく見られます。もちろん「安易に条件は決められない」、「本人と会ってから詳細を決めたい」という気持ちも理解できます。しかし、たとえば専門学校に求人を出す際でも、就業条件などを記載した求人

「経験3年以上
ひとりで仕上げOK!
月給○万円」

応募者にとっては、就業条件が不明確なサロンに応募するのはとても不安なことなのです。

就業条件を示す際は、たとえば「過去実績：経験年数3年、仕上げまでひと通りの業務ができる方で、月給○万円」といった具体例を示す形で募集者の目に留まる可能性をぐっと高めることができるはずです。

いずれにしても詳細は面談や実習で応募者の能力を確認し、前職での給与などを確認した上で決めることになりますから、できるだけ具体的な表現をするよう心がけましょう。

④ほかのお店も求人していることを意識しよう

当たり前のことですが、「優秀なスタッフを雇いたい」と考えているのはあなたのお店だけではありません。数えきれないほどのお店がさまざまな媒体に求人情報を出しているのですから、「どこにでもあるような求人情報」では、なかなか応募者の目に留まりません。

求人情報はあなたのお店だけではなく、絵や写真を交えたポスター（手書きやパソコンで簡単に作ったもので十分です）を添えて、サロンの雰囲気や特徴、オーナーの考え方などをわかりやすく伝えましょう。このような工夫1つで、応募者の目に留まる可能性をぐっと高めることができるはずです。

採用のポイント

応募者のなかからサロンに合う人材を選ぶ際には、どんな点に気を付けたら良いのでしょうか。

①採用基準を整理しよう

「技術が高く即戦力になるスタッフが欲しい」、「未経験でも良いので人あたりが良く、長く働いてくれるスタッフが欲しい」、「トリミング業務だけでなく店舗経営にも興味があるスタッフが欲しい」。あなたが求めているのはどんな人材ですか？

ひとくちに「採用」といっても、いろいろな切り口があります。そして、すべてを完璧に備えた人に巡り合うチャンスはめったにありません。面接の段階になってから「うちのサロンに必要なのはどんな人だっ

オープン準備編

面接でのチェックポイント

- □ 履歴書などの提出書類はきちんと書けているか
- □ 約束の時間に遅れないか、早く来すぎないか
- □ あいさつ、身だしなみ、話を聴く姿勢など、社会人としてのマナー
- □ （経験者の場合）これまでのサロンを退職した理由
- □ このサロンを志望した理由
- □ このサロンで働くことになったらどんなスタッフになりたいか
- □ オーナーの考え方やビジョンに合っているか

け？」と考えているようでは、せっかくのチャンスを逃してしまうし、本人の了承が得られるなら、無給での実習という位置付けでもかまいません。採用してから後悔すること（ミスマッチ）にもつながりかねません。自分のサロンに必要な人材像をあらかじめ整理しておきましょう。

②実習を活用しよう

トリマーのような技術職の人材の評価を面接だけで決めるというのは、本来は無理な話です。できれば、数日間実習をしてもらいましょう。

これはアルバイト形式でもいいですし、本人の了承が得られるなら、無給での位置付けでもかまいません。面接での質問内容は少しずつ変わります。しかし行き当たりばったりで質問をしていると、「話がはずんだ」というだけで実力以上の評価をしてしまったり、反対に応募者のどんな接し方をするか、お客さまりの人と協力できるか、周力はあるかなど、体力や集中百聞は一見にしかずと言いますが、あいさつや掃除ができるか、周能力を引き出せないことにもつながります。よほど面接に慣れている場合以外は、質問したいことを事前に考えておき、できるだけ応募者全員に同じように質問をすることが大切です。

③質問したいことをまとめよう

応募者の経歴や面接の流れによって、面接での質問内容は少しずつ変わります。しかし行き当たりばったりで質問をしていると、「話がはずんだ」というだけで実力以上の評価をしてしまったり、反対に応募者の力もりも1回の実習でわかることはとても多いのです。

④面接手法を工夫しよう

面接手法を少し工夫するだけで、応募者の"人となり"や性格をより具体的に知ることができるケースもあります。

いろいろある！面接手法

面接は、1対1で行い、質問に答えてもらうものだけではありません。工夫次第で、より充実した内容にすることができます。

●事前記入シートの活用

面接の冒頭で時間を設け、いくつかの質問を並べた「事前記入シート」に記入してもらいます。質問内容は、志望理由などのほか、「これまでの仕事でいちばんうれしかった（つらかった）こと」、「お客さまからこんなむちゃな要望があったときはどうしますか？」など、これまでの経験やその人の考え方を推し量るような設問をしてもよいでしょう。文章にしてもらうことで、考えていることをより正確に知ることができ

79

き、その後の面接を進めやすくなります。また、決められた時間内に文章を書いてもらうことで、時間配分を考えて作業できるかというトリマーに必須の資質も確認できます。

● グループ面接

複数の人数を相手に面接することで、周囲の人の話を聴く姿勢や、グループのなかでどんな立ち位置になるタイプなのか（周囲を引っ張るタイプなのか、控えめなタイプなのか……）と捉えることができます。グループで1つの課題について議論して発表をしてもらい、そのプロセスを観察するという手法もあります。

ただし、グループ面接ではどうしてもひとりを見る時間が少なくなりますので、人数は多くても4人程度までにすることと、グループ面接で「良いな」と思った人とは改めて個人面接をすることがお勧めです。

● 私服での面接

いわゆる「リクルートスーツ」ではなく、私服（ふだん着）で来てもらいます。服装から得られる情報はとても多いものです。とくにトリマーはクリエイティブな仕事でもあるので、センスや個性を知るという観点からも有効です。

実施する場合、「私服で来てください」とだけ伝えると、「私服といってもスーツで行くのがマナーだよね……」と捉えスーツで来る人も多いと思います。「堅苦しい雰囲気にしたくないので、スーツではなくてふだん着で来てください」などと明確に伝えると良いでしょう。そこまで伝えてもスーツで来てしまう人もいます。その人を「まじめだな」とプラスに受け取るか、「空気が読めないな」とマイナスに受け取るか、それはオーナー次第でしょう。

● 店外での面接

お店の中ではなく、近くのカフェなどで面接を行う方法があります。これも応募者の緊張感をほぐす手法の1つですが、店員への対応やしぐさなどでその人のマナーなどを確認することができます。

試用期間を活用しよう

時間と費用をかけて採用活動を行っても、自分のサロンに合っているか、求める能力を備えた人材なのかどうかは、実際に働いてからわかることが多いものです。そこで試用期間を活用します。長さは自由に設定できますが、一般的には3～6カ月程度という会社が多いようです。

ただし試用期間だからといって、好き勝手に解雇できるわけではありません。人を解雇するには、合理的な理由が求められます。たとえば「とりあえず3人を雇用して、優秀な1人のみを継続雇用し、ほかの2人は試用期間が終わったら辞めてもらう」といったことは本来の趣旨と異なり、違法とされる場合もあります。試用期間を設けるとしても、原則的には「しっかりと育ててサロンの戦力にするんだ」というつもりで人を採用するようにしてください。

オープン準備編

スタッフの雇用〜雇用してからのポイント

続いて、雇用時と雇用後に注意したいことを解説します。
また、スタッフの評価制度や退職・解雇というシチュエーションにもふれていきます。

スタッフを雇用してから

人を雇ったその日から、オーナーはスタッフを「マネジメント」していく必要があります。やりがいを持っていきいきと働いてもらいつつ、締めるところはきちんと締める。そんなバランスの取れたマネジメントこそ、スタッフのモチベーションの向上につながり、お店を成長させていくのです。反対に、いい加減なマネジメントでは、せっかく優秀な人材を雇ったとしても定着せずにサロンを去ってしまうことになるでしょう。

ここでは、雇用後のマネジメント業務のポイントを勉強しましょう。

図1　書面の交付により明示しなければならない事項

①労働契約の期間
②就業場所・従事すべき業務の内容
③始業・終業時刻、所定労働時間を超える労働の有無、休憩時間、休日、休暇、交替制勤務をさせる場合は就業時転換に関する事項
④賃金の決定・計算・支払の方法、賃金の締切・支払の時期に関する事項
⑤退職に関する事項（解雇の事由を含む）

雇い入れ時のポイント

スタッフを雇うときに最低限押さえておきたいことを説明します。トラブルを回避するためにも、必ず確認してほしいところです。

①雇用契約書を作ろう

まずは図1を見てください。これは、人を雇うときに「書面の交付により明示しなければならない」と法律で定められている事項です。

スタッフを雇用する上で非常に多いトラブルが「そんな仕事もやるなんて聞いていない」とか「給料はすぐにアップすると言っていたのに」といったものです。これらのトラブルは、就業条件の約束を口頭で済ませていたことにより、オーナーとスタッフの見解が異なって発生するものです。雇用時に「雇用契約書」という書面に双方の署名捺印をして保管しておくことで、このようなトラブルを防ぐことができます。

雇用契約書には図1の事項だけではなく、オーナーがスタッフと約束しておきたい内容を盛り込むことが可能です。たとえば、「お客さまの情報を外部に漏らさないこと」という内容を記載して契約を結ぶことも大切です。

雇い始めたときは、相手がどんな人物かわからないものです。後でトラブルになってお互いに嫌な思いをしないよう、しっかりと契約を結んでおきましょう。

②免許類を確認しよう

トリマーには国家試験はありませんが、民間の認定制度などがあります。履歴書にそういった認定資格を持っている旨を記載している人も多いでしょう。

最近は、「経歴詐称」について世間がとても敏感です。万が一にも自

分の店から経歴詐称者が出て、そのことが世間に知れたとしたら、それによる損失は計り知れません。資格所有者を雇用する際は、最初の出勤時に資格証書のコピーを持参してもらうと良いでしょう。

またスタッフが業務上自動車を運転する場合は、運転免許証も確認しておきましょう。万が一無免許運転で交通事故を起こした場合、運転を指示したオーナーも管理責任を問われかねません。

雇ってからのポイント

「マネジメント」というと小難しく聞こえるかもしれませんが、最も大切なのはスタッフとのコミュニケーションです。

オーナーがどんなビジョンを持っているか、スタッフにどんなことを期待しているのかという考えをしっかりと伝えましょう。そして、スタッフが何を考えているのか、楽しく仕事ができているかなど、相手の考えを聞くこともとても大切です。

小さな組織では、ささいな誤解が致命的な溝になることがよくあります。突然スタッフ全員が辞めてしまうような最悪の事態にならないよう、日ごろからスタッフとコミュニケーションを取っていきましょう。

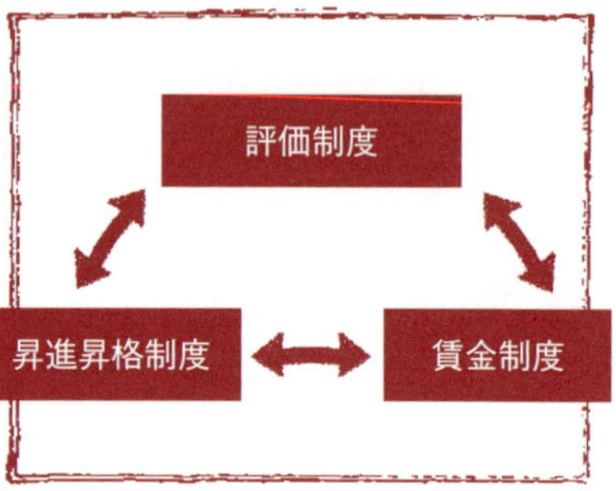

①業務マニュアルを作成しよう

トリマー業界は人材の流動性が高い業界です。もちろんできるだけスタッフが長く勤めてくれるように努力すべきですが、全員がずっと辞めずに働いてくれることを期待するのは現実的ではありません。

サロンにとって最も怖いのは、あるスタッフが辞めてしまったときに、その人の担当業務についてほかの誰もわからず、業務が止まってしまったりお客さまに迷惑をかけてしまうという状態です。

図2　人事評価制度の仕組み

評価制度
↕
昇進昇格制度 ⟷ 賃金制度

とくに複雑な業務や担当者が限定されている業務についてはマニュアルを作成して「いざというときはマニュアルを見れば誰でもできる」という状態を築くことが大切です。

②就業規則を作成しよう

「就業規則」は働く上での規則などを定めた会社のルールブックのようなものです。労働基準法では「常時10人以上」の労働者を使用する使用者は、就業規則を作成し、労働基準監督署に届け出なければならないと決められており、記載しなければならない事項なども定められています。「10人以上の労働者」には、パートのスタッフも含まれます。

人事・労務の専門家である社会保険労務士とお付き合いがある場合は相談をすれば良いですし、インターネットなどでも就業規則の見本が手に入ります。スタッフの人数が増えてきたら作成を考え始めましょう。

③スタッフの評価をしよう

人事評価制度は図2のように「評価制度」、「昇進昇格制度」、「賃金制度」という3つの制度が絡み合うこ

スタッフ評価の3つのカギ

● 評価制度

スタッフの評価基準が明確でないと、給料やボーナスの金額などを決めるときに、直近でミスをした人の評価を低くしてしまったり気が合う人の評価を高くしてしまったりと、オーナーの主観によって不公平な評価をしてしまう可能性があります。そのような評価をしていては、スタッフのモチベーションを低下させることにもつながりかねません。

客観的に、そして公平にスタッフを評価するためには、図3のようにオーナーがスタッフに求めることを明確にすることが大切です。これにより、各スタッフの長所・短所を客観的に評価することができます。

● 昇進昇格制度

スタッフを複数雇うようになると、それぞれに果たしてほしい役割や期待することが異なってきます。そのような場合に備えて、図4のよ

オープン準備編

図3　評価制度

	業績			態度			能力		
	仕事の質	仕事の量	お客さま対応	責任感	向上心・自己啓発	協調性	業務知識・技能	対人能力	指導育成力
Aさん	3	3	5	5	2	5	4	5	3
Bさん	5	5	2	4	5	2	5	2	2
Cさん	2	2	2	1	2	2	2	2	1

図4　昇進昇格制度

職名	期待すること
トリマー見習い	周囲の協力を得ながら業務をする
トリマー	一人前にトリミング業務ができる
指導トリマー	後輩に業務を指導できる
統括トリマー	オーナーの補佐としてスタッフの管理ができる

うに職名を設定し、それぞれに期待することを整理しておきましょう。

まずに申し出をすれば良い」とされています。しかし実際には、14日前に見て合理性のある理由だったりでは引き継ぎや代わりの人を探す時間はありません。雇用時に「退職の3カ月前には申し出ることとする」などと契約をしておくと良いでしょう。

また退職の申し出に際しては「退職届」という形で明確に文書で意思表示してもらうことが大切です。これはスタッフが退職後に「私は解雇された。解雇予告手当を請求する」などと申告してくるという万が一のトラブルを防止するためでもあります（実際にそのようなトラブルが後を絶ちません）。きちんとルールを整備して慎重に話を進めましょう。

誰にいくら給料を支払うかということは、オーナーの仕事のなかでも最も重要で、最も頭を悩ませる問題かもしれません。

このとき、前述した制度を整えておけば、よりがんばっている人や責任ある職名の人には、より高い給料を支払うといった具合に公平に賃金を決定していくことができます。

人件費はサロンのコストの中でも大きな割合を占めますので、税理士など専門家の意見も聞きながら賃金額を決めていくことをお勧めします。

● 賃金制度

また、解雇をするためには客観的に見て合理性のある理由が必要だったりで、あらかじめ解雇の基準を示していることが求められるなど、法律上の制約も非常に多いのです。解雇を考える際は、けっして感情的に押し進めることはせず、弁護士や社会保険労務士など専門家の意見も聞いて慎重に進めてほしいと思います。

同じ夢を持つ同志として

スタッフを雇用すれば、それだけオーナーの仕事も増えますし、トリミングとは違う知識も必要になり、なかなか大変です。しかし、同じ目標や夢に向かって、喜びや苦しみを分かち合えるスタッフを育てることができれば、それはオーナーのかけがえのない財産になり、サロンの可能性も広がっていきます。そうしたプロセスを通じてオーナー自身も人間的に大きく成長できるでしょう。

理想のペットサロンづくりに向けて、しっかりとスタッフと向き合っていきましょう。そして、お客さまだけではなく、スタッフにとっても最高のペットサロンであることを目指してみてください。

退職・解雇のポイント

スタッフを雇うときには、その人が将来退職するときのことはあまり考えないものです。しかし現実としては、ほとんどのスタッフがいつかはサロンを去ります。したがって、その際のルールを決めておくことはとても大切なのです。

退職の申し出期日について、民法では「従業員は退職希望日の14日前までに申し出ればよい」とされています。しかし実際には、14日前に見て合理性のある理由だったりでは引き継ぎや代わりの人を探す時間はありません。雇用時に「退職の3カ月前には申し出ることとする」などと契約をしておくと良いでしょう。

能力不足などでどうしても辞めてもらいたいスタッフがいる場合、解雇を考えるオーナーさんもいると思います。しかし、解雇は慎重に行ってください。本人から「不当解雇だ！」などと訴えられる可能性もありますし、「スタッフを解雇した」といううわさが広まりイメージ低下につながることもあります。解雇はリスクが非常に大きいものだということを覚えておきましょう。

83

オープン準備編

売り上げアップのためのマーケティング

ペットサロンにおけるマーケティングとは、具体的には何をすることなのでしょうか。
まずは、売り上げを構成する要素を把握しましょう。

マーケティングの基本的な考え方

みなさんは「マーケティング」と聞くとどんなことを思い浮かべるでしょうか。看板、チラシ、ホームページ、店内パンフレットなど、多くの取り組みを思い浮かべるのではないでしょうか。マーケティングは広い概念ですので、これらのすべてが含まれています。

日本のマーケティングの研究機関である（公社）日本マーケティング協会によると、次のように定義されています。

> **マーケティングとは**
> 企業および他の組織*1がグローバルな視野*2に立ち、顧客*3との相互理解を得ながら、公正な競争を通じて行う市場創造のための総合的活動*4である。

これをペットサロンに置き換えてみると、「ペットサロンが社会的な大きな視点に立ち、お客さまに情報を発信し、自分たちの店舗の存在を知ってもらい、お客さまや動物に喜んでいただけるようなサービスを提供し、公正な競争を通じてトリミング業界の発展に寄与しながら、新しい市場を開拓する活動である」と言えるでしょう。

しかし、「概念は何となくわかるけれど、何から始めればいいの？」という人も多いのではないでしょうか。まずはマーケティングの基本的な考え方を知るところから始めたいと思います。

マーケティングの取り組みを詳しく見てみよう

図1は売り上げを上げるために必要なマーケティング要素を因数分解したものです。大きく分けると、「①お客さま数を増やす」、「②来店回数を増やす」、「③単価を向上する」という3つになります。

この3つの要素を増やす、または高めることで、売り上げをアップすることができるようになります。図1の内容を詳しく見ていきましょう。

●①お客さま数
お客さま数＝〔A〕新規客数＋〔B〕既存客数）×〔C〕定着率

お客さまを増やす場合にまず思い浮かぶのは、新規客を増やすことでしょう。新規客を増やすことはもちろん非常に重要ですが、忘れてはいけないのが、過去に来店経験のある既存客の再来店を促していくことです。

お店を始めたばかりのときは、お客さま数を増やしていく一方で客さまカルテは増加していくでしょう。しかし開業して数カ月経つと、しばらく来店していないお客さまのカルテの存在に気付くはずです。カルテ数はたくさんあるけれど、実際に来店している稼働カルテ数は少ないということもあるでしょう。

そのため、どの程度のお客さまが継続的に来ているかという「定着率」もしっかりと意識する必要があるのです。

---
*1 教育・医療・行政などの機関、団体などを含む。
*2 国内外の社会、文化、自然環境の重視。
*3 一般消費者、取り引き先、関係する機関・個人、および地域住民を含む。
*4 組織の内外に向けて統合・調整されたリサーチ・製品・価格・プロモーション・流通、及び顧客・環境関係などに係わる諸活動をいう。

オープン準備編

図1　「売り上げ」を作る要素

売り上げ ＝

①お客さま数 × **②来店回数** × **③単価**

①お客さま数	②来店回数	③単価
（[A]新規客数＋[B]既存客数）×[C]定着率	（[D]年間メニュー提供数＋[E]その他来店回数）	[F]1メニュー当たり金額×[G]項目数

[A] 新規客数
…お店に初めて来るお客さまの数
[B] 既存客数
…過去に来店経験のあるお客さまの数
[C] 定着率
…2回目以降も継続的に来ている率

[D] 年間メニュー提供数
…カットやシャンプーなどの主要サービスを受けに来店するお客さまの数
[E] その他来店回数
…フードやグッズなどその他サービスの購入に来店するお客さま

[F] 1メニュー当たり金額
…シャンプーコースやトリミングコースなどのメニューごとの金額
[G] 項目数
…オプションコースや物販など、主要サービスなどに追加していくメニュー数

●②来店回数＝（[D] 年間メニュー提供数＋[E] その他来店回数）

来店回数には、シャンプーやトリミングなどの主要サービスでの来店回数（[D] 年間メニュー提供数）と、フードやグッズなどの購入のみでの来店回数（[E] その他来店回数）の2種類に分けることができます。

シャンプーやトリミングは次回来店までに1〜3カ月程度という期間となりますが、物販商品の購入などを理由にもっと短い間隔で来店することもあるでしょう。このように、それぞれが次回来店までにかかる期間が大きく異なるため、それぞれに応じた取り組みを行う必要があります。

●③単価＝[F] 1メニュー当たりの金額×[G] 項目数

単価をアップさせる方法には、シャンプーコースやカットコースといった1つのメニュー当たりの金額をアップさせる方法と、オプションサービスや物販など受けてもらうメニュー数を増やす方法との2つに分けることができます。

同じ5,000円の売り上げでも、カットコースのみの料金なのか、シャンプーコースにオプションや物販を含めた総額料金なのかどうかによって内訳は変わります。コースを上手に設定することで、1メニュー当たりの金額をアップさせることができますし、オプションや物販などを上手に行うことで項目数をアップさせることもできるでしょう。このように、状況に合わせた取り組みを行っていくのです。

何から始めるべき？

これだけの取り組みがあると、すべて同時に始めるのを難しく感じるかもしれません。何を行うべきかはお店の状況によって異なりますが、基本的には「①お客さまを増やす」取り組みから始めましょう。売り上げが気になると、たとえばフードを勧めるような「③単価を向上する」方法を選ぶことが多いようです。しかし、母数となるお客さま数が少ない状態では、単価を上げる取り組みをしてもサロンへの影響はごくわずかです。焦らず基本に立ち返って取り組みを行いましょう。

オープン準備編

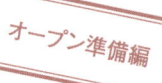

お客さまを呼び込む広告とチラシ

お店のイメージが完成しても、商圏にいる潜在的なお客さまは、まだあなたのお店を知りません。
サロンがオープンすることを知らせ、来店してもらうための「広告」について考えてみましょう。

顧客確保のルートとは

お店の前を通らない人にあなたのお店を"見せる"ための方法は、2種類あります。1つは「来店していない飼い主に店が直接的に知らせる」方法、もう1つは「来店したお客さまを介して店が知ってもらう」方法です。これを示すのが左の図1です。それぞれのルート別に、代表的な広告手法を見てみましょう。

①チラシの配布

図の①「お店から直接、不特定多数へ」というルートのアプローチで最も代表的な広告手法は、チラシのポスティングです。チラシは、まだ来店していないお客さまにダイレクトに"見せる"ことができます。訴求力の強いチラシなら、多くのお客さまをお店に呼び込むことができるでしょう。費用も小額で済むため、オープン告知以外にも、セールやキャンペーンの告知などを発信できます。

タウン情報誌やフリーペーパーに広告を出す方法もあります。集客には、とにかく「サロンの存在をより多くの飼い主に知ってもらう機会を多く作る」ことが大切なのです。

次に、どのくらいの頻度でどのようなエリアにポスティングすればいかを考えます。チラシは、目にふれる回数によって印象度が変化します。図2を参考に、できるだけ自店の近隣の飼い主に見てもらう回数を増やしましょう。この配布方法では、自店周辺は4回すべてチラシが配布されます。1回で全域配布する場合と、この図による配布方法では、大きなコスト差もありません。

②口コミとその促進ツール

図1の②「お店からお客さま、その友達（特定多数）へ」のルー

図2　配布エリア

- 自店
- 1回目配布
- 2回目配布
- 3回目配布
- 4回目配布

トの代表的な手法は、②—B「お客さまからその友達へ」の口コミ販促です。口コミは、そのお店の内容を体験し、かつ内容が良いものであったという「経験」が伴わないと発生しません。そのため、オープン前集客では力を発揮しませんが、いったんオープンすれば「発生させる」ことが非常に大切になります。

基本的なサービスや商品が良くないペットサロンに、口コミが発生するでしょうか？　もちろんしません。口コミ発生はお店の努力とセンスにかかっているのです。

しかし、口コミを促すことはできます。飼い主さん同士の会話で"紹介"が発生するシチュエーションを想像してみましょう。その場面で使

図1　顧客確保のルート

ペットサロン → ① → 不特定多数

ペットサロン → ② → お客さま
お客さま ②-A → 不特定多数
お客さま ②-B → 友達など特定多数

うと便利だと思われる「紹介しやすいツール」を準備しておけば良いのです。たとえば自店の特徴をまとめたショップカードやパンフレットを作ることも有効です。オープン告知チラシなどの発注の際に、一緒に作っておくと良いでしょう。

このようなツールを作成する上で注意することは、「小さいものを作る」ということです。持ち帰るのにストレスがかかるものは、手に取ってもらえません。お客さまには女性が多いでしょうから、女性が持つバッグや財布などの大きさに対応できるサイズの販促ツールを、より多く充実させることが大切になります。

販促ツールの作成手順と効果的なレイアウト

販促ツールは、人の目に留まりやすく魅力のあるものでなくてはいけません。作成の手順とそのポイントを、チラシを例に考えてみましょう。

チラシに盛り込みたいのは次の内容です。

① 「何を訴えるのか」というチラシのコンセプトを固める
② 表現方法を具体的に考える
・片面刷りか両面刷りか
・単色刷りか多色刷りか
・写真を使うかイラストを使うか
・どのサービス、商品を訴えるか

●ヘッドコピー

「ペットサロン○○本日開店！」などの、目を引くための短い文句。次に続くボディコピーを読み飛ばされないように、効果的に配置します。

●ボディコピー

具体的な内容を告知するための重要な文章です。説明調になるためヘッドコピーに比べて長くなりますが、最後まで興味を維持させながら全文を読ませる工夫が大切です。

●写真・イラスト

子犬や猫の写真は好感を得られます。ペットサロンの場合は、仕上がり後の犬の写真を使うと、技術やお店のサービスが十分に宣伝できるでしょう。また、スタッフの写真や似顔絵は、これから足を運んでみようとする人に安心感を与える効果があります。

図版は広告意図やチラシ全体のバランスを考えた上で配置します。人物や犬の〝目線〟が、紙の中央に向かうように配置すると、安定した印象になります。

●キャプション

写真、イラストの補足説明をする簡潔な文章のこと。特徴を十分に説明し、印象付けるような内容と配置を心がけます。

●料金とアクセスの明示

セールと称してフードなどを常識外の低価格にすると、同業他店や問屋からクレームが寄せられることもあるので注意し、仕入れ段階で値引き幅を相談しておきます。問屋の協賛を得た上での「開店セール」は積極的に実施しましょう。チラシにその期間や記念品引き換え券を盛り込んでも良いでしょう。

●基本情報

営業時間、定休日、電話番号はもちろん、店の地図やホームページがあればURLを入れることも基本です。

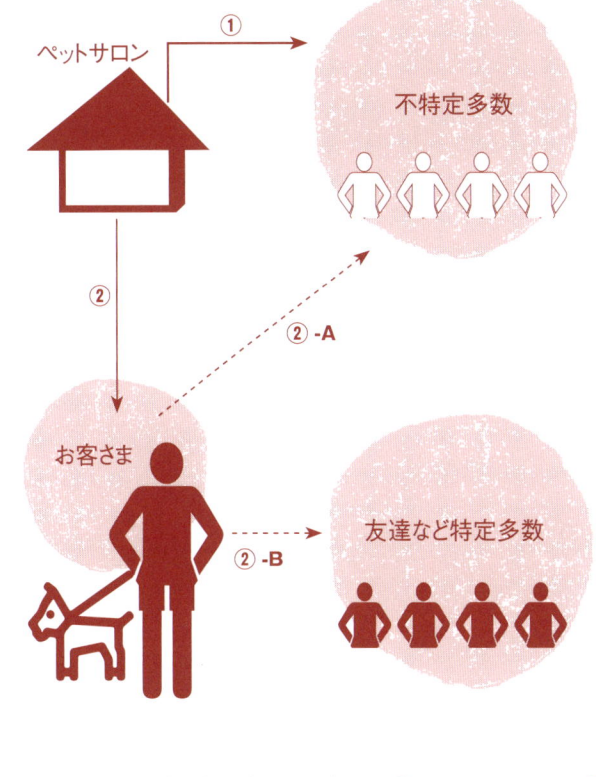

オープン準備編

ホームページの整備と強化

ホームページを作るときには、何から始めたら良いでしょうか。伝えたいことをしっかりと盛り込み、同時に見やすいデザインを心がけましょう。

ホームページの上手な作り方

ペットサロンの経営においてホームページの整備が重要だということは、すでに周知のことと思います。

しかし、実際にホームページを作るとなると、何から手を付けるべきか迷うのもまた事実ではないでしょうか。ここではホームページ作成の流れや、魅力あるホームページにするためのポイントを紹介していきたいと思います。

図1はホームページをゼロから作っていくときのステップをまとめたものです。このステップを順に追っていくと、上手にホームページを作ることができます。各項目について説明していきましょう。

図1 ホームページ作成のステップ

①**目的**
1. 目的の整理

②**計画**
2. コンテンツの書き出し
3. サイトマップの作成

③**業者選定**
4. 業者探しと見積もり依頼、決定へ
5. 各種契約

④**制作**
6. トップページデザイン
7. 原稿の書き方の基本
8. 伝わるページにするために

⑤**運用**
9. 運用体制を考える

1. 目的の整理

まずはホームページ作成の目的をしっかりと考えることから始めましょう。ホームページは何のためにあるのでしょうか？ ペットサロンのホームページは、①お客さま、②求職者、③自店スタッフの3つの対象者に向けての情報発信媒体であると考えられます。

お店を始めたばかりのときは、スタッフを雇う余裕がないかもしれません。しかし、人が欲しいと思ってから準備を始めては、採用活動までに非常に時間がかかってしまうのです。ホームページは採用情報そのものを掲載するだけでなく、お店のコンセプトやスタイルの特徴が凝縮されていますから、求職者にとっては働くイメージが湧きやすいはずです。お客さまに対する情報発信だけでなく、求職者や自店スタッフに対する情報発信も念頭に置いてホームページ作りを進めておきましょう。

2. コンテンツの書き出し

ホームページを作る際に最も重要なのは、どのページを作るにどういった内容を掲載するのかを事前にしっかりと整理しておくことです。このステップを省いてしまうと、いろいろな情報を盛り込んだとしても、伝えたいことが伝わりにくいホームページになってしまいかねません。

整理する方法としてお勧めしたいのは、付箋などの紙を用意して、ホームページに書きたい内容を1枚につ

図2 Webサイト制作会社の種類と特徴

①大規模な Webサイト制作会社	・クライアントも大企業中心 ・高品質な代わりに、費用は高額 ・さまざまなノウハウやサービスも提供している
②一般的な Webサイト制作会社	・クライアントは中小企業中心 ・料金体系は安価～高価までさまざま ・比較的制作スピードは速い傾向にある
③フリーランスの Webサイト制作会社	・費用は安価なケースが多い ・デザインに偏重していないかなど、実績の確認が大切 ・個人事業者の場合は制作に時間がかかることも

ひとくくりに業者といっても、図2のようにさまざまな種類があります。しかし、インターネットを取り巻く環境は短期間で大幅に変化することも多く、制作会社が契約満了まで存続しているかという保証がないのも実のところです。後々に後悔しないためにも、制作費用とその後の更新費用などは別にした契約をお勧めします。

また、ホームページを作成するにあたっては「サーバー」と「ドメイン」の契約を行うことが必要になります。サーバーはホームページのデータを入れておく家のようなもの、ドメインはホームページの住所のようなものとイメージしてください。これらの契約はできる限り自分で行い、所有権を自身が持っておくようにしましょう。

6. トップページデザイン

「このページを見てみるか、ほかに行くか」という判断は、一般的に約5秒で行われると言われています。つまり、興味を引くトップページを作ることが大切になるのです。そのためにも、コンテンツのボタンをわかりやすい位置に配置する、クリッ

3. サイトマップの作成

サイトマップとは、本の目次のようなものです。2で付けた「見出し」に、お客さまにもわかりやすい言葉で名前を付けましょう。このように進めていくと見出しごとに分かれたグループがたくさんできるはずです。この見出しが「ページのタイトル（クリックするボタン）」になり、グループ内の紙が「各ページに書く内容」になっていきます。

これを一覧にまとめたものがサイトマップと呼ばれるものになります。このように整理していくと記入漏れや内容の重複を避けることができ、お客さまにもわかりやすいページ構成になるのです。

4. 業者探しと見積もり依頼、決定へ

ここまでしっかりと準備ができたら、ホームページの制作を依頼する業者を探し始めましょう。金銭的に余裕がなければ自分自身で作ることもできますが、ホームページはお店の顔となるものですから、できる限りプロにお願いすることをお勧めします。

制作会社の料金体系は、制作ページ数や導入するシステム（更新システムなど）によって異なることが多いようです。そのため、前述したサイトマップをしっかりと作っておくと、より正確な見積もりを出しておらいやすくなります。また、1社だけに絞らずに、必ず複数社から見積もりをもらいましょう。その際にはなぜ安いか、高いかなどの金額に対する理由を併せて聞いておくことも重要です。

5. 各種契約

制作会社が決まったら正式な契約を行います。このときに注意したいのは、契約形態と契約内容です。制作会社のなかには「リース契約」といって、月額の費用を安価にできる反面、契約期間が限られた形態を勧めるところもあります。

もちろん、月額の費用が安くなったり、費用内で更新も行ってくれ

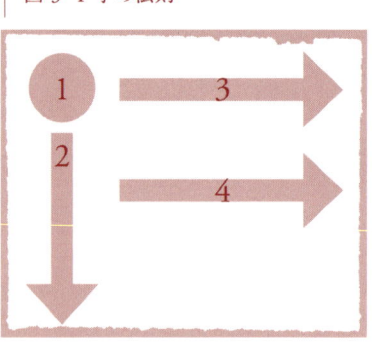

7. 原稿を書くコツ

ふだんから文章を書いていないと、ホームページの原稿を書くことも難しく感じるかもしれません。しかし、重要なのは「オーナーの想いが伝わるかどうか」です。肩肘を張らずに、自分の気持ちを言葉にして書いてみましょう。

書いてみた文章がわかりにくいと感じた場合には、「見出しと段落」、「言葉の翻訳」という2点を意識してみると伝わりやすい文章にしていくことができます。

まず「見出しと段落」ですが、文章が長々と書かれていると、読む意欲がなくなってしまいます。そのため、何を伝えたいのかを端的にまとめた「見出し」を最初に書きましょう。また、その後に続く文章も3行程度で改行して行間を空けると、リズム感のある読みやすい文章にすることができます。

次に「言葉の翻訳」ですが、業界で長く働いている人にとっては当たり前の言葉でも、お客さまにとっては初めて聞く言葉を使っているかもしれません。言葉が理解できないと、その文章全体の理解度も低くなってしまいます。使用している言葉が一般の人でもわかるかどうかを意識してみると、さらに良い文章になるでしょう。

8. 伝わるページにするために

ホームページはお客さまがお店のことを知るために重要な媒体です。ペットサロンのホームページを分析すると、よく見られているページは「スタッフ紹介」、「お客さまの声」、「お店の特徴」などのようです。

これらのページが見られている主な理由は、「どんなトリマーさんが自分の犬をトリミングしてくれるか知りたい」などの「不安を解消するため」であると考えられます。そう考えると不安を解消するために、次のような内容が書かれたページを充実させていきましょう。

図3 F字の法則

図3のように画面左上を起点として、縦と横に動いていくことがさまざまな調査でわかっています。これはアルファベットの「F」のような動きをすることから、「F字の法則」と呼ばれています。

この法則を利用し、お客さまに伝えたいページやよく見られるページを画面左上に設置していくと、よりお客さまに見てもらいやすくなります。そのため、前項で分けたグループに優先順位を付けて、画面左上から優先順位の高い順にボタンを配置していきましょう。

ホームページを見る人の目線は、図3のように画面左上を起点とし、縦と横に動いていくことがさまざまな調査でわかっています。これはアルファベットの「F」のような動きをすることから「F字の法則」と呼ばれています。

ホームページのテンプレートは、各トリマーさんたちの「人となり」がわかることです。ここで重要なのは、各トリマーさんたちの「人となり」がわかることです。ですから、業務とは関係のない出身地や趣味など、パーソナルな情報を書くこともお勧めします。こうした情報は、受付や会計時などで面と向かってのコミュニケーションにもつながりやすいので、ぜひ書いてみてください。

写真を掲載するのを嫌がるスタッフもいるかと思います。証明写真のようなカメラ目線のものではなく、トリミングしている姿など、雰囲気が伝わるものであれば十分ですし、どうしても写真は載せたくないという場合には、似顔絵などで代用しても良いでしょう。

① スタッフ紹介ページ

スタッフ紹介ページはホームページのコンテンツのなかでも最も重要なページであると考えられます。ですから、現在ない場合はぜひ作ってみましょう。図4はあるホームページで使用しているスタッフ紹介ページ

② お客さまの声ページ

ホームページには自分のお店の特徴をしっかりと書く必要がありますが、見る者にとっては同じ立場であるお客さまの声のほうが伝わりやすい場合があります。このため、ぜひお客さまの声をホームページに掲載してほしいと思います。

お客さまの声を集める方法は2つ

オープン準備編

《お客さまへ》
元気な笑い声が自慢です。
お客さまを元気にできるよう、
笑顔いっぱい、元気いっぱいで
がんばります!!
名前:●●●●
趣味・特技:話題のスイーツ巡り
出身地:神戸市
飼っているペット:トイ・プードルとチワワ

図4 スタッフ紹介の一例

あります。1つはインタビュー形式で、ビデオカメラで撮影しながら話してもらうと非常に信用性の高い内容になります。「お客さまの顔が映らない範囲」という条件付きで了承を得ているところもあります。常連さんなど、自店のことをよく知っている人にお願いしてみると意外と快諾してくれるようです。

もう1つは、お客さまにアンケートを実施して、記入された内容をそのままホームページに掲載するという方法です。アンケートをスキャンしてそのまま掲載することで、動画が難しい場合でもリアリティーを高めることができます。

③ お店の特徴ページ

ひとくちにお店の特徴といっても、技術について、コンセプトについて、自店のこだわりについてなど、さまざまな内容を書くことができます。もちろんすべて書けるのがベストですが、情報量が多くなりすぎることもあるでしょう。そんな場合にお勧めしているのが、「オーナーがお店を始めた思いを書く」ということです。

みなさんも開業を決意したときは、いろいろな思いを抱いていたと思います。「なぜトリマーになろう

と思ったか」、「どんな下積み時代を過ごしたか」といったお店を始める前のエピソードや、「お店作りはこんなところにこだわった」、「どういう目的で使用する機材を選んだか」などの開店時のエピソードなどをぜひつづってみてください。こういったエピソードは、お客さまの「共感」を生むコンテンツになり、今後お客さまがサロンを選ぶ上でより重要な要素になっていきます。過去を振り返りながら文章化していきましょう。

9. 運用体制を考える

ホームページができた後は、定期的に更新していくことを心がけましょう。来店した犬の仕上がり写真

を日記形式で掲載したり、お店であったことをブログにつづるなど、さまざまな内容で更新しましょう。更新担当者を決めたり、更新曜日を決めたりして、事前にどんな頻度で更新するかを決めておくと、無理なく更新していくことができるようになります。

＊

このように、ホームページは制作までに非常にたくさんの準備が必要になります。制作が進んでいくなかでも、デザインの修正や変更などがたくさん発生します。オープンの直前になってもホームページができていないという事態にならないためにも、しっかりと準備を進めていきましょう。

オープン準備編

メニューと料金、オプションメニュー

メニュー料金は、お客さまが来店する決め手の1つになります。価格設定時に考慮すべきポイントや、オプションメニューの取り入れ方を考えましょう。

商品は無形のサービス

ペットサロンで扱う商品としては、グッズやフードなどの「形のあるサービス」もありますが、主な商品はカットやシャンプーという「形のないサービス」です。そのため、あなたのお店で具体的にどのようなことをしてもらえるのか、お客さまは実際に体験してみないとわからないことになります。だからこそ、商品であるシャンプーやトリミングなどの「メニュー」をわかりやすく伝えていく必要があるのです。

このように考えると、メニューの金額はお客さまの納得感を得られるものにしていく必要があると言えるでしょう。料金体系は一度決めると改定するのは難しくなりますから、最初にしっかりと考えておきましょう。

価格を決める際のポイント

基本的なメニューの金額はどのように決めていけばよいのでしょうか。価格を決めるポイントとしては、①競合店の価格、②自分たちの利益を考えた価格の2つがあります。

一般的には前に働いていたお店の価格を踏襲しているケースが多いようですが、場所も変われば客層も変わりますので、まずは競合店の価格を参考にしましょう。競合店によって価格にバラつきがある場合には、自店とコンセプトが近いお店の価格を見ておきましょう。

次に考えるべきなのは、その価格で自分たちの利益が出るのかという視点です。カットやシャンプーは1日に受けられる頭数に限度があります。そのため、あまりに安い価格設定にしてしまうと、忙しいけれど儲からないという悪循環に陥ってしまいます。

売り上げを上げるために頭数を増やそうとすると、無理な予約を入れることになり、時間に間に合わなくなったりケガをさせてしまったりというトラブルにもつながりかねません。そういったことにならないためにも、価格設定は非常に重要と言えます。

いいます。これは所要時間をベースにして価格設定を行うというものです。

みなさんの技術力との関係もありますが、同じ価格でも所要時間が大きく変わるという経験はありませんか？　極端な例ですが、同じ5000円の料金でも、1時間で終わる犬種もいれば、2時間かかる犬種もいるかもしれません。この場合では、前者に比べて後者は半分の生産性しかありません。つまり「所要時間」という考え方を持たないと、利益を無視してしまうことにもなるのです。時間がかかる犬種は高めに設定すべきですし、短時間でできる犬種は割安感を出すことができるかもしれません。

自分たちの利益を考えるときに用いる考え方を「時間単価」と言

オープン準備編

図1 納得感と価格の関係

納得感 ＝ 価値／価格

価格＞価値	不満を感じて再来店しない可能性大
価格＝価値	価格相応と感じるが再来店しないこともある
価格＜価値	非常に満足度も高く、再来店の確率もアップ

魅力あるメニュー構成を考えよう

メニュー構成の考え方として3つの方法があります。①犬種別メニュー、②年齢別メニュー、③利便性別メニューの3つです。メニュー構成のポイントは、お客さまがどの程度の時間であれば無理なくできるかを考えてみましょう。このような時間感覚を基に価格設定を行っていけば、スタッフ全員が所要時間への意識を持ってトリミングを行えるようにもなるでしょう。

もしも競合店と大きな価格差ができて高くなってしまった場合には、競合店の料金に近付けながら、どの程度の時間であれば無理なくできるかを考えてみましょう。このような時間感覚を基に価格設定を行っていけば、スタッフ全員が所要時間への意識を持ってトリミングを行えるようにもなるでしょう。

図1は納得感と価格の関係を示したものですが、お客さまの納得感は価格とメニューの価値のバランスによって決まってきます。

納得感が高いと再来店の確率もぐっと高くなるでしょう。しかし、納得感が低ければ2度と来店してもらえないかもしれません。お客さまの納得感を高めるためには、ニーズに沿ったものにする必要があるのです。

①犬種別メニュー

最もベーシックなメニュー構成です。多くのサロンが犬種に応じて料金を設定し、さらに「シャンプー」と「シャンプー＋カット」というサービス内容の差で2段階に料金設定をしています。それにプラスして500〜1000円程度の「オプションメニュー」を数種類用意するスタイルが一般的なようです。

お客さまは多いと思います。そういった場合には、図2のように、通常の「シャンプー＋カット」のコースだけではなく、泥パックなどのオプションメニューを組み合わせたメニュー構成を最初から用意しておくと、選ばれやすいかもしれません。

このようにオプションメニューを「シャンプー＋カット」のコースに組み合わせて、パック化したメニューを作っておくことで、単価を上手に上げることができるようになります。

る内容が変わってくるのではないでしょうか。プードルであれば、毛並みや毛のフワフワ感などを気にするさらに工夫して、犬種ごとに異なるメニューも考えてみましょう。たとえば、犬種によってお客さまが求めるだけではなく、泥パックなどのオプションメニューを組み合わせた

図2 犬種別メニューの一例

プードルさんのコース一覧

≪この犬種の特徴≫
○ 毛が絡まないようにブラッシングを定期的に行いましょう。ブラッシングがしやすいカットもありますので、ご相談ください。
○ 被毛が長いため、アトピー性皮膚炎などの皮膚病になりやすい犬種です。余分な汚れや皮脂を取り除くため、月に1度の定期的なシャンプーをお勧めします。

≪当サロンでのプードルさんへのこだわり≫
○ 当店のスタッフもたくさん飼っている犬種です。毎日のブラッシングが簡単になるカットなどもご提案しています。是非スタッフにお尋ねください。
○ 毛のフワフワが可愛い犬種です。毛の状態を保つためにも、当店ではシャンプー剤の選び方にもこだわっています。

コース内容	シャンプー	カット	爪切り	オプションA	オプションB	オプションC	
カット＆お散歩パック	○	○	○	○	○	○	○○円
カットコース	○	○	○				○○円
シャンプー＆お散歩パック	○		○	○	○	○	○○円
シャンプーコース	○		○				○○円

犬種ごとの特性に合わせたオリジナルのメニュー構成を考えていくと、お客さまの納得感も高まっていくでしょう。

②年齢別メニュー

最近は犬の世界も高齢化し、7歳以上のシニア犬が増えています。そのため、シニア犬向けのコースを作るというのも時代に合った方法だと言えます。シニア犬は持病を持っていたり、加齢とともに皮膚トラブルを抱えていたりすることも多いでしょう。そういった場合には、アンチエイジングという切り口などでメニュー構成をしていくと、ひと味違うメニューができるのではないでしょうか。

図3は子犬用コースの例です。一般的に子犬向けのコースを設定しているサロンはあまり見かけません。どちらかというと、成犬の料金から済むようになるのです。ほかにもいろいろな切り口があるでしょう。図4にほかの例も記載しますので、参考にしてみてください。

●●円引きといった形の料金設定が多いようです。しかし、子犬の時期から来店してもらえれば、その後も継続的に通ってもらえる確率は高くなるでしょう。

図3 年齢別メニューの一例

お散歩デビュー前に

慣れないころに無理にシャンプーすると、大人になってもシャンプー嫌いになります。将来のためにも、慣れるまではお店でシャンプーや爪切りをしていただくことをお勧めします。お家でのケアのご相談もお気軽にご相談ください。

キレイにスッキリ♪
しませんか？

お散歩デビューの前の身だしなみパック
①シャンプー ②カット ③爪切り ④足周りカット
⑤肛門腺絞り ⑥耳掃除 ⑦肉球パック

ぜ～んぶ込みで
〇〇〇〇円～

オプションメニューの設定

オプションメニューはお店の特徴が表れる内容にもなりやすいものです。また、オプションメニューの充実は各コースの充実にもつながっていきますから、積極的に取り入れていきましょう。

オプションメニューにはさまざまな種類がありますが、構成は大きく分けると図5のように①見た目、②美容、③におい、④お手入れ、⑤設備、⑥制度の6つに分類することができます。

すべて実施できればお客さまへの訴求力も高くなりますが、カラーリングや温浴剤のように原価がかかるサービスもあります。製品を選ぶときには品質はもちろんですが、サー

がメニューができるようになります。他店にはないメニューを提案できれば、「そうそう、こんなの待ってたの！」と価値を感じてもらえるようになりますし、価格競争にも巻き込まれずに

③利便性別メニュー

お客さまのなかには、「キレイにていねいにやってほしい」というだけではなく、「おおざっぱでもかまわないから、スピーディーにやってほしい」という考えを持っている人もいます。このような場合には、制限時間内でできる範囲で行うコースを作ることもできるでしょう。こうしてお客さまの求める利便性を考えていくと、新しい発想が生まれてくるものです。

このような発想を持ってメニュー構成を行うと、他店にはないオリジナリティにあふれたメニュー作り

オープン準備編

図4　メニュー構成の切り口

①犬種
・自分の犬種に合った方法でやってほしい
・自分の犬種の悩みを解決できる方法でやってほしい　など

②年齢
・子犬に合った方法でやってほしい
・シニア犬でも安心して任せられる方法でやってほしい　など

③時間
・ゆっくりていねいにやってほしい
・きれいにそろえなくてもいいので早くやってほしい　など

④金額
・高くてもいいので、ていねいにしっかりとやってほしい
・新人スタッフでもいいので、安くやってほしい　など

⑤医療
・皮膚などの健康に配慮してやってほしい
・病気の犬でも安心して任せられる環境でやってほしい　など

⑥美容
・良い香りのシャンプーでやってほしい
・毛づやが美しく見える方法でやってほしい
・毛玉ができにくい方法でやってほしい　など

ビスにかかる所要時間と原価を考えて導入の可否と価格を決めていきましょう。

また、最近はドッグマッサージ、ペットアロマセラピーなどの民間資格もたくさん登場しています。資格がないと実施できないというわけではありませんが、資格を取得しておくことはオプションメニューの価値を高めるのに役立ちます。

このようにメニュー構成や価格設定は非常に重要な要素となります。「前のお店がこうだったから」、「周りのお店がこうだから」ではなく、自店のコンセプトに合致し、無理のないものにしていきましょう。

図5　オプションメニューの種類と構成

①見た目
・カラーリング
・エクステンション　　　など

②美容
・泥パック
・マイクロバブル　　　など

③におい
・シャンプー剤
・温浴剤　　　など

④お手入れ
・歯みがき　・爪切り
・肛門腺　　　など

⑤設備
・出張サービス
・ペットホテル　　　など

⑥制度
・トリマー指名
・送迎　　　など

オープン準備編

仕入れと陳列のノウハウ

開業したからには、物販で扱う商品にも自分のこだわりを反映したいというトリマーさんも多いでしょう。ここでは仕入れと陳列におけるポイントを押さえていきます。

取り扱う商品を決めよう

手間をかけずに売り上げが見込める物販は、サロンにおいてぜひひとつ強化していきたい部門です。まずは取り扱う商品を決めていきましょう。ペットサロンで扱う物販商品には、フード、おやつ、シャンプー、ウェア、リードやオモチャなどのグッズ、生体など、さまざまな種類があります。

取り扱う商品のラインナップは、お店のコンセプトに基づいて決めていきます。販売での届け出も必要になります。販売だけでも大変でしょうから、生体販売を始めるのはお店の運営に慣れてからでも良いかもしれません。どの商品も、お店のコンセプトに合致し、このお店にしかないものを取りそろえることを考えましょう。

最近はインターネットや専門誌などからも商品を仕入れることができるようになってきました。また、展示会に足を運んだり、ほかのペットサロンやグッズショップを見て回ったりして、取り扱いたい商品を見つけた場合は、タグなどに表示されているメーカーや販売代理店、輸入元などをチェックしておき、後日連絡を取ってみるのも良いでしょう。

ほかにも、Twitter、Facebookといった SNS や飼い主さんのブログなどに、最近流行っている商品が紹介されていることもあります。自身の好みだけでなく、そういったお客さまのニーズに合った商品も考慮しましょう。いろいろなところにアンテナを張って情報を取り入れると、良い商品に巡り合える確率も高くなっていくはずです。

商品の仕入れ方

商品によって仕入れ先は異なります。ペット用品や雑貨をまとめて仕入れるなら、メーカーや卸問屋、代理店から仕入れることが一般的ではある商品が紹介されています。シャンプーやコンディショナー、フードなどは専門に扱っている業者もありますから、幅広く情報を集めるようにしておきましょう。

取り扱う場合には、生体販売の場合には、飼育・販売スペースの確保、エサ代などの諸経費、説明責任などの手間と費用がかかるため、取り扱うかどうかは早期に、かつ慎重に検討しておきましょう。

業者との交渉

取り扱いたい商品が決まったら、業者に電話やメールなどでアポイントを取り、商品の仕入れ値などの情報を教えてもらいましょう。同じ商品でも業者によって仕入れ値が変わることもよくあります。複数の業者から見積もりをもらい、まずは価格相場を知ることで、より良い条件を引き出せるようになります。

業者とは長いお付き合いになりますし、情報交換や情報提供をしてくれるパートナーとなる相手とも言え

96

オープン準備編

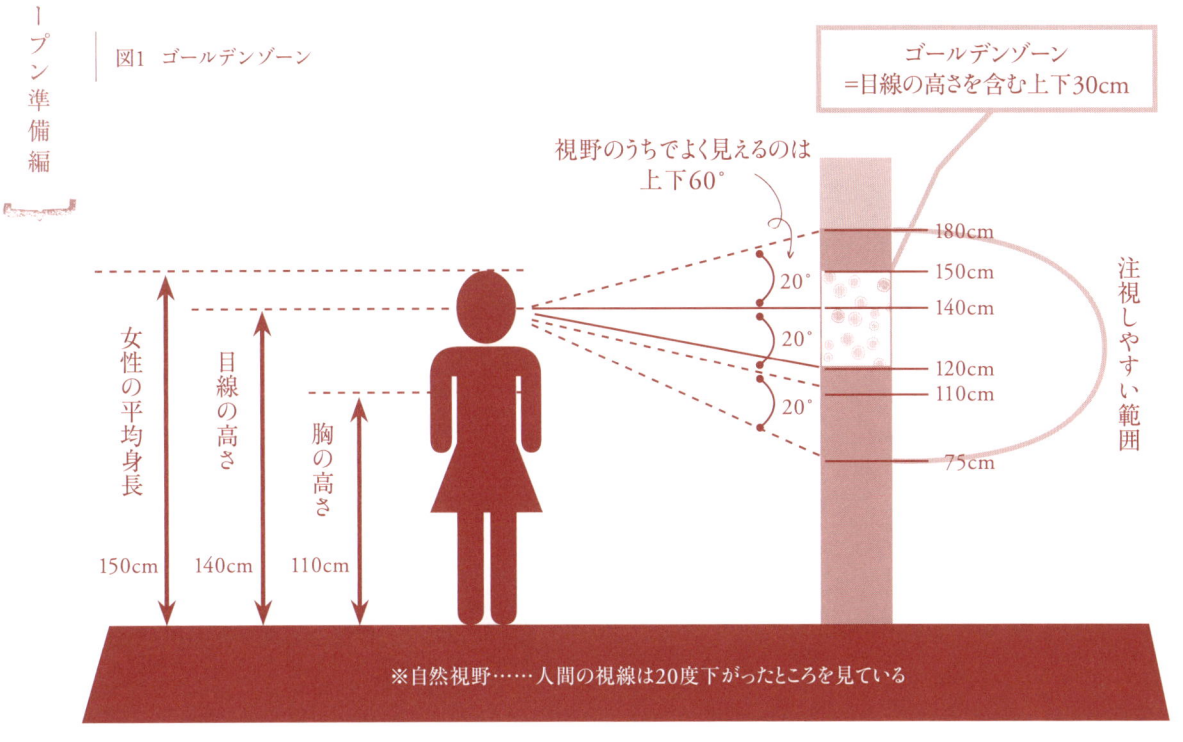

図1　ゴールデンゾーン

ゴールデンゾーン
＝目線の高さを含む上下30cm

視野のうちでよく見えるのは
上下60°

180cm
150cm
140cm
120cm
110cm
75cm

20°
20°
20°

注視しやすい範囲

女性の平均身長　150cm
目線の高さ　140cm
胸の高さ　110cm

※自然視野……人間の視線は20度下がったところを見ている

商品陳列のポイント

どんなに取り扱う商品がすばらしくても、お客さまの目に留まらなければ購入してもらえません。商品の陳列は、お客さまの目線の高さを考えて行うと効果的です。

お店の目線や動きの特徴には2つのポイントがあります。1つ目はおのお客さまの目線の高さです。お客さまの多くが女性であることを考えると、女性が見やすい高さに売りたい商品が陳列してあると目に留まりやすくなります。図1は「ゴールデンゾーン」という最も人の目に留まりやすい高さを表したものです。男性

オーナーの場合はとくに自分の目線で商品を陳列してしまう傾向がありますので、注意しておきましょう。

2つ目はお客さまの動きです。店内で商品陳列スペースを広く取れる場合、お客さまは歩きながら商品を見て回ることになります。歩くときには人の上下の視野は狭くなる傾向にあるため、通路が狭い部分には商品を少なめに、通路が広い部分には商品を多めに陳列すると効果的です。

店内で広いスペースを確保できない場合には、受付カウンターの周りで商品の陳列と訴求を行いましょう。カウンターはお客さまが必ず立ち寄る場所で、お会計をする場でもあります。そのため、たとえばお釣りの範囲内で購入できるような低価格の商品を陳列すると効果的です。

このように物販はお店のコンセプトや広さによって取り扱える商品が異なります。また、フードやおやつ、シャンプーなどは消費期限があるため在庫ロスを避けたいものです。やみくもに商品を仕入れるのではなく、お客さまのニーズやトレンドを捉えながら、上手な物販を考えていきましょう。

ます。そのため、仕入れ交渉をする場合には、顔合わせの機会を作りましょう。担当者やその会社と上手くやっていけるかどうかも、業者を選ぶ重要なポイントとなるからです。

もし値段が少し高くても信用できる業者であれば、取り引きをしてみても良いのではないでしょうか。誠意を持って親身に対応してくれるかなどは事前に確認しておきたいものです。仕入価格以外の判断基準も持っておきましょう。

オープン準備編

送迎サービスをするなら

お客さまの自宅まで犬を迎えに行き、トリミング後にお届けする送迎サービス。地方ではとくに需要の高いサービスと言えますが、導入時にはどんなことに気を付けたら良いのでしょうか。

送迎サービスを始める前に

今や送迎サービスを行っているペットサロンはめずらしくなくなりました。サロンにとって一般的なサービスになりつつあるとも言えます。

だからといって、送迎サービスを導入するかどうかは慎重に判断する必要があります。送迎サービスはお客さまにとっては便利である一方で、お店側には負担のかかるサービスでもあります。

たとえば、ひとりで開業する場合には、送迎の時間を優先するあまりに予約を受け付けられる頭数が少なくなってしまう可能性があります。また、狭い車内ではサロン以上に安全面への配慮が必要です。

そういった注意点がある一方で、お店に通いにくいお客さまや高齢のお客さまに利用してもらいやすくなるというメリットもあります。まずはしっかりと体制を整えましょう。

これだけは決めておこう

送迎サービスを開始する場合は、①送迎範囲、②送迎時間、③送迎の基準は必ず決めておきましょう。

①送迎範囲

送迎を行う範囲は、地域にもよりますが、「車で15分圏内」などとあらかじめ目安を作っておくと良いでしょう。それ以上遠いエリアの場合には応相談という形にして、個別に対応することをお勧めします。

②送迎時間

お店の営業に支障が出ないように、スタッフ数が少ないうちは送迎可能な時間帯を決めておきましょう。とくに朝夕の通勤・帰宅ラッシュの時間と重なると、渋滞に巻き込まれて開店時間や次の予約時間に間に合わないということにもなりかねません。地域の道路事情なども考慮して決めましょう。

③送迎の基準

シャンプーコースの利用でも受け付けるのか、会計金額が規定額以上の場合に受け付けるのかなど、どういった基準を満たした場合に送迎を行うのかも重要です。図1に3つのパターンを紹介しますので、自店のやすいのでお勧めです。

送迎サービスに必要なもの

次に、送迎サービスに必要なものと、そのポイントを挙げます。コンセプトと合わせて考えてみましょう。

①送迎車

犬をケージに入れて運ぶことになるため、荷台がある車のほうが便利です。大型犬や複数頭を送迎する可能性も考慮し、なるべく荷台を広く取れるタイプの車を選びましょう。住宅地は細い路地や一方通行も多く、駐車スペースがない場合もあります。軽自動車であれば燃費も良く小回りも利きますし、女性も運転し

オープン準備編

図1 送迎サービスの基準

	メリット	デメリット
①全員に	・新規客の集客につながる ・気軽に利用してもらえる	・新規客の場合には、急なキャンセルや不在などが発生する可能性も
②一定金額以上	・単価アップ ・多頭飼いのお客さまが利用しやすい	・犬種によってはメニュー価格のみでは金額に満たない場合も
③常連客にのみ	・顧客の固定化 ・お店へのロイヤリティーアップ	・新規客へのアピールにはならない

②ケージ

さまざまな犬種を乗せるため、小型犬から大型犬まで対応できるケージを数種類用意しておきましょう。ケージを積むときには、先に降ろす犬を手前に積み、上げ下ろしの手間を少しでも減らしましょう。

またケージの扉はなるべく進行方向に向けて積んでおきましょう。これは運転するスタッフがルームミラーからいつでも犬の様子を確認できるようにするためと、万が一犬がケージから出てしまった場合、荷台のドアを開けた際に飛び出してしまうのを防ぐためです。

ほかの犬が苦手であったり、神経質な性格、持病があるなどの犬の場合には、周りが見えないようにケージにタオルをかけるなどの方法で目隠しをしたり、ほかの犬と少し離しておくなどの対応を取りましょう。こういった事情は、お迎えの際などにお客さまに確認しておくことをお勧めします。

③携帯電話とハンズフリーマイク

お店やお客さまに連絡する際に必要です。

④ガムテープ

ケージの補強や固定などの手軽な修復アイテムとして便利です。また、お客さまのお宅に伺う前に自分の服に付いた毛を取るためのアイテムとしても使用できます。

⑤消臭剤

送迎車はどうしても臭いが付きやすくなります。気にするお客さまもいますから、車内の臭い対策として用意しておきましょう。

⑥掃除用具

意外と忘れがちになるのが、ペットシーツ、トイレットペーパー、水などの掃除用具です。犬が車内やお客さまのお宅の前でトイレをしてしまうこともあるでしょう。とくにマンションに送迎する場合には、ほかの住人に迷惑がかからないように注意しましょう。

⑦予備のケージ

必要な頭数よりも余分に積んでおくと便利です。ふだんは自分でケージを準備しているお客さまでも、壊れてしまったなどの理由で突然数が足りなくなることもあります。

また、荷台に隙間ができたときに空ケージを置いておけば、ケージの転倒を防ぐストッパー代わりにもなって便利です。

送迎時の+αサービスを考える

送迎はお客さまの自宅に行くチャンスでもあります。そのため、送迎時限定で商品の配送を行うサービスを行うことが可能です。最近はインターネット通販で物を買う人が増えていますが、自宅に商品が届くということはお客さまにとってとても便利なサービスです。とくに高齢のお客さまはペットフードやシャンプーなどの重いものを持ち帰るのは大変でしょうから、送迎時に一緒に商品を販売できれば、効率的に売り上げを作ることができるでしょう。

オープン準備編

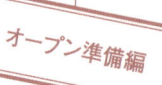

動物病院併設サロンの場合

動物病院に併設されているサロンでは、一般のペットサロンとどのような違いが見られるのでしょうか。
病院との連携を生かした取り組みも展開可能です。

動物病院との相乗効果を考える

最近は、動物病院においても開業当初からサロンを併設するところが増えてきました。また、既存の動物病院であっても、病院の業務の一貫であったトリミング部門を独立・強化するケースが見られるようになっています。

動物病院がサロンを併設するメリットとしては、主に次の3つが挙げられます。

①定期的な来院と病気の早期発見・早期治療

動物病院は、定期的なワクチン接種や検診をのぞき、病気にならないと患者さまが来院しないのに対し、サロンには犬は健康な状態でも来店します。そのため、サロンを併設することによって、病院への来院頻度を高める機能としての役割を持たせることができます。

また、トリミングでの来店時に獣医師が健康チェックを行うことにより、病気の早期発見や早期治療につなげることもできるでしょう。

このように一般のサロンでは断られる可能性の高い動物でも、獣医師の立ち会いの下であれば、患者さまは安心して任せることができます。高齢化が進む中では、動物病院でのトリミングを求める人も増加するでしょう。

②医療のサポートと高齢化対応

皮膚病の治療に力を入れている動物病院では、治療のサポートや症状のコントロールのために、薬浴やスキンケアアイテムを活用することが多いでしょう。また、獣医療に反対に、獣医療や動物看護の知識を身に着けたいと思っているトリマーさんも多いのではないでしょうか。

動物病院は、定期的なワクチン接種に伴い、長時間立位姿勢を取ることが難しい動物や、心臓や呼吸器などに不安を抱える動物も増えてきました。

③スタッフのスキルアップ

動物看護師のなかには、トリミングやグルーミングに興味を持っているスタッフも多いようです。また反対に、獣医療や動物看護の知識を身に着けたいと思っているトリマーさんも多いのではないでしょうか。

このようにトリマーとしての幅を広げるため、または動物看護師としてスキルアップをするためにも、動物病院併設サロンは有意義な環境と言えるのです。

こうしたメリットもありますが、反対にデメリットもあることを考えておいてください。それは、動物病院併設のサロン（またはトリミング部門）では、スタッフに求められる業務や知識、技術が幅広いということです。

併設サロンで働く人のなかには、トリマー兼動物看護師という役割を持っているスタッフも多くいます。そのため、とくに動物病院もサロンも繁忙期となる年末などは、トリミ

100

オープン準備編

図1 スキンケアレポート

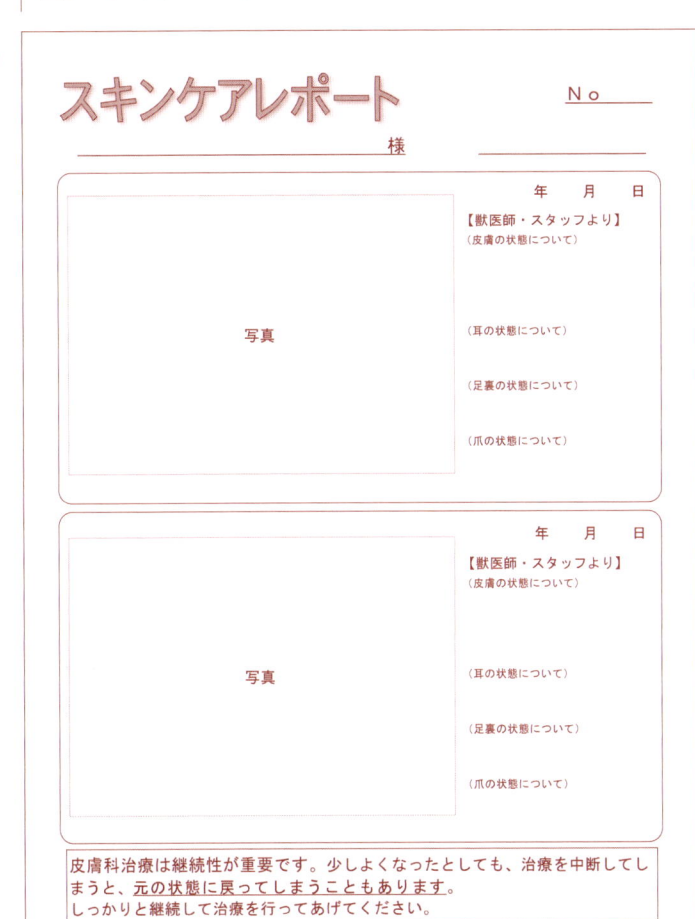

ング業務に追われるあまりに、病院の業務に時間をかけられないということもよくあります。

サロン専属のスタッフがいない場合には、たとえばフィラリア予防のシーズンなどの動物病院の繁忙期には予約を取る数を調整するというように、動物病院の本質である獣医療に支障が出ないように運営することが重要です。

動物病院の経営方針や治療方針に沿っているかを十分に確認した上で、トリミング部門を導入・強化していきましょう。

動物病院併設サロンならではの取り組み

動物病院併設のサロンでは、その特性を生かしたサービスを展開することも可能です。2つの例を紹介します。

一般的なサロンと異なる、動物病院併設ならではの取り組みとしていちばんに挙げられるのは、皮膚病治療との連動です。

① スキンケアレポート

動物病院でトリミングを実施する場合には、「獣医療」という本業への支障が出ないように留意する必要があります。そのため、価格の設定は下げず、治療との相乗効果を考慮して取り組んでいきましょう。

図1は、皮膚病の治療で通院している犬に対し、サロンと連携して病院が作成しているスキンケアレポートの一例です。皮膚病の治療はすぐに症状の改善が見られることは少なく、時間をかけて徐々に治療の効果が表れてくることも多いでしょう。そのため、患者さまのなかには継続的な通院に疑問を感じてしまい途中であきらめてしまう人もいるようです。実際に、動物病院の現場では「だいぶ良くなってきたのに…」という獣医師の声をよく聞きします。

そういった場合に、皮膚の状態を毎回写真に撮影して、治療経過を時系列で見せていくという方法を取ることができれば、患者さまの通院への意欲も高まるでしょう。動物病院ならではの「治療」という切り口を活用することができれば、トリミングサロンの強化も取り組みやすくなるはずです。

スキンケアレポート　　　　No_____

　　　　　様　　　　　　_____

　　　　　　　　　　　年　月　日

[写真]

【獣医師・スタッフより】
(皮膚の状態について)

(耳の状態について)

(足裏の状態について)

(爪の状態について)

　　　　　　　　　　　年　月　日

[写真]

【獣医師・スタッフより】
(皮膚の状態について)

(耳の状態について)

(足裏の状態について)

(爪の状態について)

皮膚科治療は継続性が重要です。少しよくなったとしても、治療を中断してしまうと、元の状態に戻ってしまうこともあります。
しっかりと継続して治療を行ってあげてください。

② お預かり中の実施メニュー

図2は、動物病院の併設サロンやペットホテルでお預かりする際に、犬に対してできることを一覧にして案内している用紙です。代表的なものとしては、ノミ・ダニ予防薬の投薬（滴下）や健康診断、検便、検尿などが、ふだんなかなかできないような検査があります。

爪切りなどのグルーミングは一般的に受診してもらえることが多いようです。

とくに、動物病院で案内することの多い秋の健康診断や、春のフィラリア検査の時期に合わせて実施することで、サロンにとっては繁忙期である年末や春よりも前に予約を入れることもできるようになるでしょう。

トリミングでお預かりしているあいだ（ペットホテルも含む）は病院とは違い、患者さまは待つことのストレスを感じずに、自由に自分の時間を過ごすことができます。この「待ち時間を感じさせない」というメリットを活用して、サロンでのお預かり中にできることを一覧にして提案することも効果的です。

図2は、動物病院の併設サロンや的なサロンでももちろん可能ですが、ノミ・ダニ予防薬の投薬や各種検査を含む健康診断などは動物病院併設サロンだからこそできるメリットです。

患者さまにとっても、通常の来院時と異なり、待ち時間のストレスを感じることがありませんから、積極

図2 お預かり中のサービスのご案内

トリミング・ホテル時の各種処置・検査サービスのご案内

当院のトリミング・ホテルをご利用いただきましてありがとうございます。
トリミング・ホテルでお預かりの際に各種処置を一緒に行うことができます。

待ち時間もなく、受診していただけますので、この機会にどうぞ御利用ください。

1	グルーミングパック （爪切り・耳掃除 肛門腺処置）	1500円
2	ノミダニ予防	5kg 未満　〇〇〇円 5〜10kg 未満　〇〇〇円 …

普段なかなか採尿・採便ができない子も多いです。
お預り中ですと検査もしやすくなりますので、ホテル中に検査をしませんか？

3	検便	〇〇〇円
4	尿検査	〇〇〇円
5	その他	健康診断、各種検査も承ります

※ ご利用の料金はお帰りの際に精算させていただきます。
※ なお検便、尿検査等申し込まれましても検査が出来なかった場合には料金は発生致しません。
※ ご注意：動物の種類によりご利用できない場合がありますので、ご了承ください。

飼主様名：＿＿＿＿＿＿＿＿＿＿＿＿＿＿＿

動物名：＿＿＿＿＿　ちゃん　動物種：＿＿＿＿＿

お預かりの期間：　　年　月　日〜　　年　月　日まで

申し込み日：　　年　月　日　担当：＿＿＿＿＿

ご利用料金：＿＿＿＿＿＿＿円

4
オープン編

開業の準備は整いました。
いよいよオープン日を迎え、経営が始まります。
開店時のポイントや覚えておきたいことをチェックし、
より良いスタートを切りましょう。

オープン編

オープニング集客の大切さ

お店のオープンに合わせて、しっかりとお客さまを確保しましょう。
集客のカギとなるキャンペーンには、入念な準備が必要です。

最初の3カ月に全力を尽くそう

オープン後1年間の総新規客数のうち、最初の3カ月間の新規客は非常に高い割合を示します。

これは、裏を返せば、オープンから3カ月ほど経過すると新規客の来店比率が減少してくるということでもあります。それを示したのが図1です。そのためこの期間に来店するお客さまへの対応は、お店の将来を左右する重要なポイントと言えるのです。オープニングの際の集客対策にはしっかりと準備をしておきたいものです。

図1　新規客の傾向

open!
新規客
再来客
1カ月　2カ月　3カ月

オープニングキャンペーンの告知

オープニングキャンペーンの告知に利用する媒体には、さまざまなものがあります。代表的なものとしては、①新聞折り込みチラシ、②ポスティング、③街頭配布チラシなどがあります。とくに①の新聞折り込みチラシを行う場合は、チラシデザインの作成、チラシの印刷、配布エリアの選定、配布日の決定など、たくさんの段取りが必要になります。どれくらいの準備期間が必要なのか把握し、オープン日が決まったら逆算して準備を始めましょう。

②のポスティング、③の街頭配布チラシなどは、お店のプリンターで印刷したものでも十分です。ポスティングなどは代行して配布してくれる業者もありますが、費用を抑えるためにも自分たちで配布してみましょう。とくに街頭配布の場合は、その場で見込み客とコミュニケーションを取るきっかけにもなります。周辺のエリア特性を肌で感じるという意味でも、自分たちの足を使って行うことをお勧めします。

情報をフォローするホームページの重要性

オープニングキャンペーンの告知を行っても、その後すぐに来店してくれるお客さまばかりではありません。なかには他店でトリミングをしたばかりのお客さまもいるかもしれ

オープン準備編

ないのです。そういったことも考慮して、告知に使用する媒体には必ず、お客さまに来店してもらうことには始まりません。初回は思い切った割り引きキャンペーンを企画しても良いでしょう。

ただし、割り引き価格が続くと客単価を下げてしまう原因にもなりかねません。作り方や活用法についた下げてしまった客単価は上げにくいので、定期的に割り引きを行うのではなく、"大義名分" がある場合にのみ行うようにしておきましょう。ここで言う大義名分とは、「オープン○周年記念」、「○○導入キャンペーン」など、割り引きに対し何らかの理由を付けられるタイミングを指します。

また、チラシなどの紙媒体はスペースに限りがあるため、盛り込める内容にも限度があります。紙面だけでは伝えきれないお店の特徴やメニューの詳細などを、スペースを気にすることなく伝えられることも、ホームページの利点の1つです。このような点から考えても、ホームページ作りはしっかりと行っておきましょう。作り方や活用法については、「ホームページの整備と強化」（88ページ〜）で詳しくふれていますので、参考にしてください。

人を惹き付けるオープニングキャンペーン

オープン時には記念割り引きとして、「初回半額」とか、「初回トリートメント無料」といったキャンペーンを行うお店も多いのではないでしょうか。割り引きは集客の効果が高いというメリットがありますが、その後の定着率は高くないというデメリットもあります。しかし、まずはお客さまに来店してもらうような案内を入れておきましょう。

また、来店客にプレゼントを行うという方法も、来店の敷居を低くするアイデアとして有効です。この場合のプレゼントには、お店のコンセプトに合ったアイテムを考えてみましょう。

犬を飼っている友人に来店してもらい、接客やサービスのロールプレイングを行うというのも有効な方法です。

また、混雑したときの状況を想定することはとくに重要です。忙しいからと言って慌ててしまわないように、スタッフ間の役割分担や段取り、商品在庫や備品の置き場所などを確認しておくと良いでしょう。

オープニングキャンペーンの注意点

オープニングキャンペーンは、お店の将来を決めると言っても過言ではない大事なイベントです。せっかく来店してくれたお客さまには、自分たちのサービスを堪能してもらい、満足して帰ってほしいものです。その満足感こそが、再来店や口コミの促進につながるはずですから、事前の準備はスタッフ全員でしっかりと行っておきましょう。

①本番のシミュレーションを行おう

オープン前には受付、電話対応、接客、カウンセリングなどの仕事の段取りを全員で確認しておきましょう。

②気になる部分は改善を

本番前のシミュレーションを行うと、これまで気が付かなかったような不具合や気になる点が出てくるかもしれません。これまで気が付かなかったのであれば、事前に変更・改善ができるので、オープン当日であれば別ですが、事前に変更・改善しておきましょう。オープン後には想定外のトラブルが起こりがちですので、対応できる部分は事前に行っておくようにしましょう。

③想定外の来客数があった場合

オープニングキャンペーンで起こる問題の1つに、「受け入れられる範囲以上の数のお客さまが来店して、やむを得ずお断りしてしまった」というケースがあります。お店にとってはうれしい悲鳴と言いたいところかもしれませんが、チラシを見てわざわざ足を運んだのに、混雑を理由に門前払いされてしまったお客さまは、なかなか再来店してくれないでしょう。

こういった事態を避けるために、キャンペーンに「予約制」を設ける方法があります。もちろん、キャンペーンの案内チラシにも、期間中は

完全予約制であることを明記しておきましょう（図2）。

定員オーバーでお断りせざるを得ないお客さまや、予約制と知らずに立ち寄ったお客さまのために、ちょっとした愛犬グッズやケア製品のサンプルなどを"お詫びの粗品"として準備しておくのも良いでしょう。また、粗品の代わりに、「次回の来店の際は＋αのサービスをさせていただきます」といった内容のカードを作って渡す方法もあります（図3）。

＊

オープン後しばらくの1日の受け入れ客数は、自店の「新規客の特徴」を考慮して想定します。

つまり、新規客はリピート客よりもお客さまが初めて来店する場合、スタッフはそのお客さまが何を求めているか、どんなメニューを利用するかわからないはずです。ですから、まずメニューについて説明し、十分なカウンセリングを行い、カルテを作成しなくてはいけません。そしてもちろん、お客さまの犬にも初めて接することになるでしょう。もしかしたらトリミングが苦手な犬で、想像をはるかに超える時間がかかってしまうかもしれません。

つまり、新規客はリピート客よりもお客さまひとり当たりに要する時間が長く、1頭当たりのトリミング時間も想定しにくいのです。

オープンしてしばらく経つと、来店するお客さまの傾向（利用する目的やメニュー、滞在時間など）が把握できていくでしょう。

オープニングキャンペーンでは、あらかじめ考えられる範囲で対策を練っておき、「予約制」「先着順」「お断りの可能性とお詫び」などは、広告を打つ際に忘れずに明記しておきましょう。

図2 オープニングキャンペーンのチラシの例

○●ペットサロン
♪オープンキャンペーン♪
全犬種シャンプー半額！
期間：○月○日～○月○日
※電話予約受付：○月○日～
キャンペーン期間中の完全予約制です。

図3 お詫びカードの例

本日はせっかくご来店いただいたにもかかわらず、お受けできずにたいへん申し訳ございませんでした。
お詫びといたしまして、お客さまの次回のご来店の際には、
シャンプー半額＋トリートメント
をサービスさせていただきます。
どうぞよろしくお願い申し上げます。
○●ペットサロン

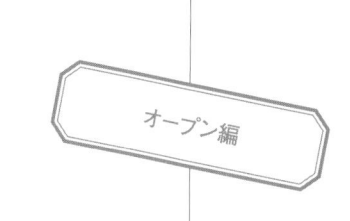

身だしなみと接客マナー

オープン編

お客さまを迎えるときや電話を取るとき、あなたが相手に与える印象がお店のイメージを大きく左右します。好感度の高い接客で、お客さまの心をつかみましょう。

オープン編

- 髪の毛はスッキリとまとめます
- ナチュラルメイクで印象良く
- 体型に合った服
- アクセサリーや腕時計は外します
- ポケットにハサミを入れない
- 爪は短く、マニキュアもナチュラルなものに
- かかとが低く、すべりにくい靴

トリマーの身だしなみ

トリマーの身だしなみは、そのままお店のイメージとしてお客さまに印象を与えます。だらしない服装や不快な言葉遣いで応対したら、どんなに腕の良いトリマーがいるサロンでも、お客さまの足は遠のいてしまうのです。

また、トリマーの身に着けるものには、シャンプーやカットを行うときに機能的で、自分自身や犬にとって安全であるという視点も必要です。トリマーに適した身だしなみについて考えてみましょう。

① 服装

清潔感があることが第一です。過度な露出を避け、動きやすく作業しやすい服装を心がけましょう。素材やデザインは、簡単に洗濯や消毒ができるものを選びます。また、エプロンは防水のものも適しています。犬の毛を服に大量に付けたまま接客をするのは印象が良くありません。犬の毛が付きにくい素材を選び、付いた毛は払ってからお客さまに接しましょう。

靴はローヒールで、底のすべらない、動きやすいものを選びましょう。長時間の立ち仕事に適しているという点も重視します。

② 爪

適度に短く切っておき、派手な色のマニキュアは避けましょう。

押さえておきたい接客のイロハ

基本のあいさつ　「いらっしゃいませ」
　　　　　　　　「ありがとうございました」
　　　　　　　　「少しお待ちください」
　　　　　　　　「お待たせいたしました」
　　　　　　　　「申し訳ございません」

クッション言葉　●名前などを尋ねるとき---「失礼ですが……」
　　　　　　　　●移動などを頼むとき---「恐れ入りますが……」
　　　　　　　　●相手の希望に添えないとき---「あいにく……」
　　　　　　　　●了解・許可を得るとき---「よろしければ……」
　　　　　　　　●迷惑をかけるとき---「ご迷惑をおかけしますが……」

不快感を与える言動　●否定的な表現---「できません」、「ありません」
　　　　　　　　　　●いいかげんな表現---「一応」、「たぶん」、「とりあえず」
　　　　　　　　　　●あいまい表現---「後日」、「そのうち」、「〜のほうで」
　　　　　　　　　　●押しつけがましい表現---「〜はおわかりですよね？」
　　　　　　　　　　●専門用語の多用---「マズルの毛量が〜」、
　　　　　　　　　　　　　　　　　　　「アンギュレーションの角度が〜」

　　　　　　　　　　●髪をしきりにさわる
　　　　　　　　　　●舌打ち
　　　　　　　　　　●上目遣い
　　　　　　　　　　●横目で見る
　　　　　　　　　　●キョロキョロする
　　　　　　　　　　●「ハイハイ」など2度繰り返す
　　　　　　　　　　●誠意を感じないお詫び

③ **髪型**
髪型・髪色ともにナチュラルなものが好まれます。長い髪はまとめ、作業中に視界を遮ったり、お辞儀をして顔にかかることのないように整えます。スカーフや三角巾を使うと、髪に犬の毛が付くことを防げます。

④ **化粧、アクセサリー**
化粧は控えめなナチュラルメイクが良いでしょう。ピアス・イヤリングや指輪、ブレスレット、ネックレス、腕時計などのアクセサリーは外しておくのが無難です。犬の毛が絡んでアクシデントにつながることが少なくありません。
また、香りの強い香水やヘアスプレーは、お客さまが不快に感じるだけでなく犬に嫌われる原因にもなります。

接客

お客さまが店内に入ってきたら、すぐに「いらっしゃいませ」とあいさつをします。顔見知りの人なら「こんにちは」でもよいでしょう。お客さまが抱いてきた犬は直接抱いて受け取ります。リードが着いていれば

オープン編

見てもらいます。

会計のときは、キャッシュトレーまたは両手でお金を受け取り、「5000円お預かりします」といようにに預かる金額を声に出して確認します。お釣りを渡すときも、「300円のお返しです」と伝え、お客さまに金額を確認してもらいます。お客さまから預かったお金をレジスターにしまうのはこの後です。

お帰りの際には、軽く頭を下げて「ありがとうございました」または「またよろしくお願いします」などとあいさつし、お客さまが外に出て歩き出すまできちんと見送ります。

　　　　　＊

この一連の接客は、毎日何回も行うものです。慣れてくるとおざなりになってしまうことがありますが、何気ない当たり前のあいさつがきちんと行われることで、お店のイメージはとても良くなります。忙しくてついつい無愛想な応対をしてしまったときは、お客さまはもう二度と愛犬を預

そのままリードを受け取ります。とくに大型犬の場合はリードをしっかりと握りましょう。その後、健康チェックを行うときも犬やリードから手を離してはいけません。犬を預かったら、「お預かりします」などのあいさつをしてお客さまを見送りましょう。

お客さまが犬を迎えに来店するときは、事前にカルテや返却する小物類をそろえておきます。犬をケージから出したらお客さまに「いかがですか」などと声をかけ、仕上がりを

けに来てくれないかもしれません。お店側が思っている以上に、お客さまは接客に敏感なのです。

電話の応対

電話での応対は、表情が見えないだけにとても重要です。声だけでお店のイメージを判断されてしまうため、ハキハキとした口調でていねいに話すように心がけましょう。電話応対の基本のポイントは次の通りです。

①電話のそばにメモを置く

メモと筆記用具を、つねに電話機の利き手側に準備しておくようにします。用件は必ずメモを取りましょう。

②受話器は3コール目までに

呼び出し音が鳴ったら、3コール目までに出ます。離れた場所で作業をしていて待たせてしまった場合は、「お待たせしました」と必ず

と言添えるようにしましょう。「いつもありがとうございます」、「お世話になっております」などのあいさつをします。相手が名乗らない場合は「失礼ですが、お名前を伺ってもよろしいですか？」と尋ねましょう。

③相手が名乗ったら

④保留ボタンを押す

電話を取り次ぐときや調べものをするときは、受話器を手でふさがず、必ず保留ボタンを押しましょう。

オープン編

「売上高と経費」を理解する

お店の維持は「売り上げ」、そして「利益」をいかに上げるかにかかっています。
その仕組みを詳しく見ていきましょう。

利益が必要なわけ

法人であっても個人であっても、お店を経営する以上、利益を上げていかなければなりません。ここで間違えてはいけないのは、「利益を追求すること」と「もうけ主義」はイコールではないということです。「利益は二の次、お客さまが幸せであれば……」というコンセプトは一見すばらしいものですが、経営者の責任を考えると必ずしも正解とは言えません。

経営者の責任とは、お店を維持することです。利益は、お店がつねに適切な設備を整え、新しい生産のために投資し、従業員がいれば給料を支払い、存続していくために必要なものです。利益を上げられなければサービスの質は低下し、お客さまの満足も得られなくなってしまうでしょう。そしてもし経営が困難になってつぶれてしまったら、顧客に迷惑をかけ、テナントも空いてしまい、社会にも損失を与えることになります。

「売り上げ」について

利益を上げるためにはまず「売り上げ（売上高）」を上げなくてはいけません。売上高は「①お客さま数×②来店回数×③単価」の式で求められます（84ページの解説も合わせて確認してください）。

①お客さま数

お客さま数は「（新規客数＋既存客数）×定着率」で求めることができ

経費(総費用)＝固定費＋変動費

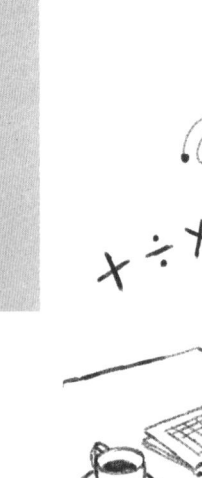

利益＝売上高－経費(総費用)

売上高＝
お客さま数×来店回数×単価

限界利益＝売上高－変動費

変動比率(%)＝変動費÷売上高

図1　経費・利益の計算式

ます。お客さま数を増やすとしても、新規客を増やすのか、既存客にリピートしてもうらのかによって取り組みは変わってきます。

これらの3つの要素のどれを増やしていくかによって、サロンの取り組み方は変わっていきます。自店には今何が必要なのかをよく考えて、利益を上げるための適切な方法を考えていきましょう。

②来店回数

来店回数は「（年間メニュー提供数＋そのほか来店回数）」で求めることができます。シャンプーやトリミングなどの主要サービスを目当てとした来店回数を増やすのか、あるいはフードやグッズなどの購入のみでの来店回数を増やすのかによっても取り組み方は変わってきます。

③単価

単価は「1メニュー当たりの金額×項目数」で求めることができます。シャンプーやカットなどの1メニュー当たりの金額をアップさせる方法と、オプションコースや物販などの項目を増やす方法との2つに分けることができます。

「経費」について

次に、お店の経営に必要な費用である「経費」の分類とその内容について見ていきましょう（図1、2）。
経費は「固定費」と「変動費」に分類されます。決算書を作るときにはまります。

①固定費

売り上げに関係なく発生する費用のことです。テナントの家賃、人件費、リース料、借入金の返済、内装費用や大型設備の減価償却費、光熱費、広告宣伝費、交通費などがこれに当てはまります。

②変動費

売り上げが増えるにつれて変動する費用のことです。ペットサロンの場合、シャンプー剤やカラーリング剤、物販品の仕入れ原価などが代表的なものです。これらは客数が増えると必要に伴って変動するため、変動費と呼ばれています。

限界利益と変動比率

「限界利益」とは、売り上げに比例して発生する利益のことです。これは「売上高－変動費」の計算式で求められます。「変動比率」とは、売り上げに対しての変動費の割り合いのことで、「変動費÷売上高」の式で求められます。
どちらも聞き慣れない言葉ですが、これから説明する「損益分岐点」を理解するために重要な概念になるので、覚えておきましょう。

図2　売上高の構成要素

売上高 ＝ 変動費 ＋ 限界利益（固定費 ＋ 利益）

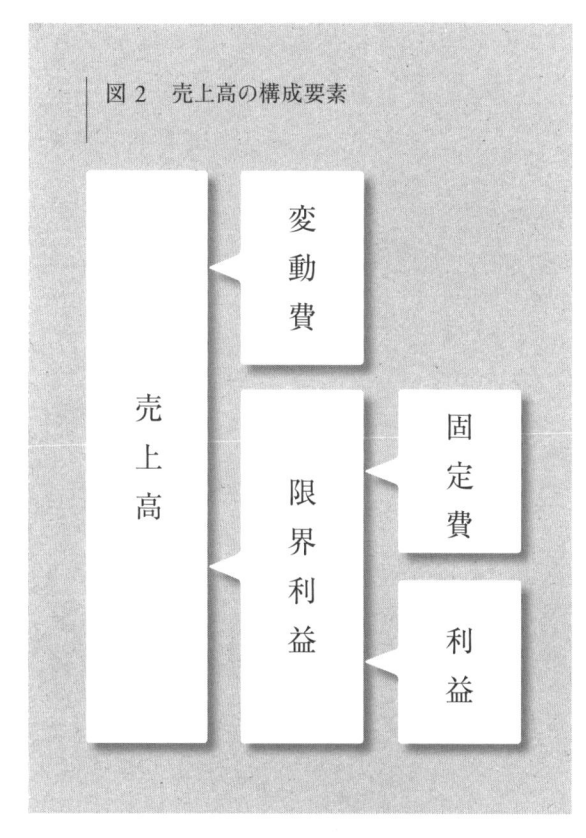

オープン編

「損益分岐点」を理解する

お店は売り上げを上げ、利益を出さなくては維持できないことがわかりました。では、具体的にどのくらい売り上げれば利益が出るのでしょうか。赤字と黒字の境界線を探ります。

「損益分岐売上高」って？

ペットサロンAでは、毎月のテナント賃料が17万円、人件費が18万円、水道光熱費、通信費などの経費が毎月28万円かかっています。お客さまの平均単価は5000円で、そのうちシャンプー剤やカラーリング剤などの原価率は10％です。この条件のとき、Aは毎月何頭の犬をこなせば利益が出るでしょうか？

まるでテスト問題のようですが、数学が苦手な人も、手順を踏んでAの「利益が出る条件」を求めてみましょう。

まず、毎月必ず支払わなくてはいけない経費は、「家賃17万円＋人件費18万円＋その他経費28万円」で63万円。次に、お客さま1件当たりの限界利益（売り上げから原価を引いた額）は「5000円－5000円×10％」で4500円です。

これを踏まえて、毎月の経費63万円を支払うには何件分の客数があればいいかを考えると、「63万円÷4500円」で140件とわかります。毎月140件の来客があれば経費を払うことができ、赤字にはなりません。しかし利益は0円です。

このケースでの売上高は「5000円×140件＝70万円」が、「損益分岐売上高」です。コストを回収できるぎりぎりの売上高のことです。

Aは、月間客数が139件以下なら赤字、140件なら利益ゼロ、141件以上で黒字になるのです。

「損益分岐点図表」を作ってみよう

110ページで出てきた「売上高」、「変動費」、「固定費」、「限界利益」、「変動比率」の関係を見ながら、損益分岐売上高を導き出す図を作ってみましょう。

① まず、図表の縦軸に「費用」、横軸に「売上高」を取ります（図1）。

② 原点から対角線を1本引きます。これを「売上高線」と言います（図2）。

③ 「固定費」を書き込みます。ペットサロンAの例、固定費63万円を縦軸上に取り、平行に線を引きます。これを「固定費線」といいます（図3）。

④ 「変動費」を書き込みます。変動費は売り上げに比例して増えていく費用なので、右肩上がりの線になります。これを「変動費線」と言います。

売り上げがゼロのときは変動費もゼロなので、起点は売上高線と同じく原点です。Aのひと月の客数が200件の場合、売上高は200×5000円（平均客単価）で100万円ですから、変動費は100万円×10％で10万円です。横軸の売り上げ100万円のところと、縦軸10万円のところが交わる点を打ちます。その点と原点を結んだ線が、変動費線になります（図4）。

⑤ 固定費と変動費を足したものが「総

オープン編

図1
費用／売上高

図2
費用／売上高線／売上高

図3
費用／売上高線／固定費線／売上高

図4
費用／売上高線／固定費線／変動費線／63万円／10万円／100万円／売上高

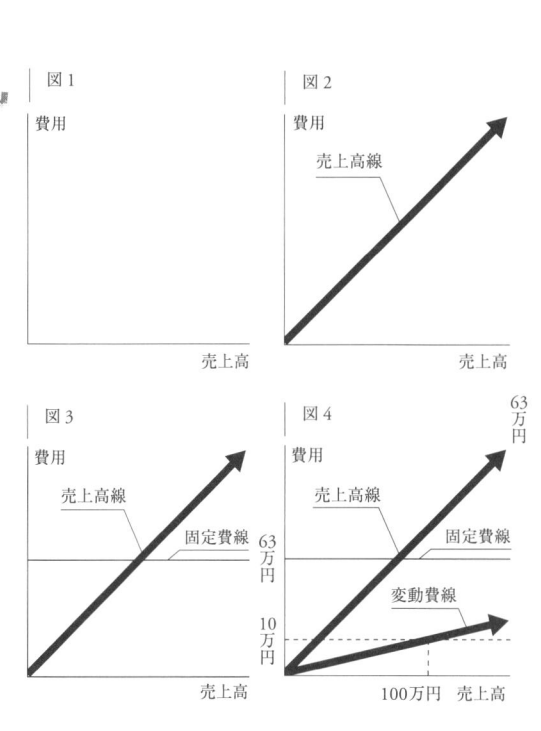

図5
費用／売上高線／損益分岐点／利益／63万円／総費用線／固定費線／変動費線／損失／損益分岐売上高／売上高

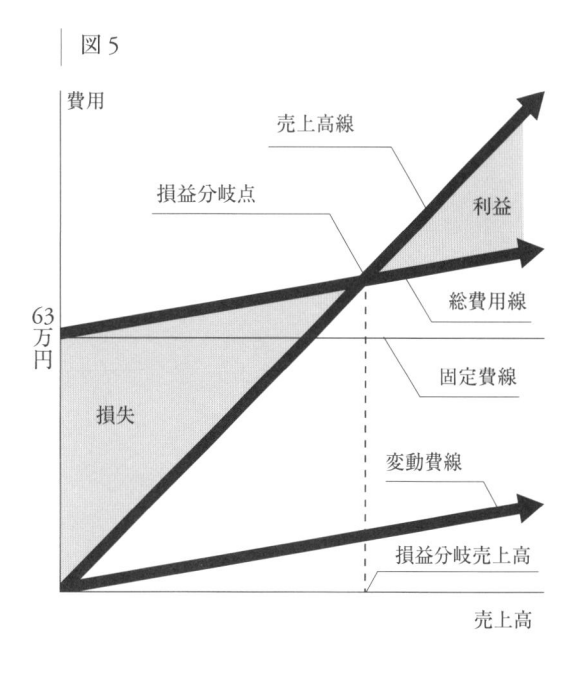

費用」で、これも表に書き込みます。「総費用線」と言います（図5）。

売上高線と総費用線が交わった点の売上高が「損益分岐売上高」です。

ペットサロンの費用の構造を考えると、「固定費の比率が高く、変動費の比率が低い」という特徴があります。売り上げの主軸がシャンプーやカットであれば、経費のほとんどは固定費ですが、物販による売り上げが大きな割り合いを占めるほど、変動費の比率も増えていきます。変動費を「仕入れ」と置き換えて考えるとわかりやすくなります。

損益分岐売上高の計算方法

図を作らずに損益分岐売上高を導き出す式は「固定費÷限界利益率」となります。

限界利益率は、「1－変動比率」の式で求められます。

ペットサロンAを例にすると、計算式1で求められます。これは利益0円（損益分岐売上高）のときの計算式で、応用すると利益を上げるために必要な売り上げを計算できま

す。

ペットサロンAが月36万円の利益を上げるために必要な売り上げは計算式2のようになります。

このような計算式を理解しておくと、経営上の計画がとても立てやすくなります。

（計算式1）

損益分岐売上高＝

$$\frac{63万円（固定費）}{1-0.1（変動比率）} = 70万円$$

（計算式2）

36万円の利益に必要な売り上げ＝

$$\frac{63万円+36万円}{1-0.1（変動比率）} = 100万円$$

オープン編

「帳簿」を付ける

「経理」とは具体的に何をすれば良いのでしょうか。その難解さの原因でもある何種類もの「帳簿」について、基本を押さえましょう。

経営の持続に必要な個人事業の経理とは

ペットサロンをオープンしたら、日々その事業に伴う"お金の出入り"を記録していかなくてはいけません。なぜ記録するかというと、税の申告をしたり、自店の経営の状態を知るためです。この記録をする作業が帳簿の記入です。

青色申告者（帳簿書類の記帳に基づいて所得税・法人税を申告する人）の場合、事業年度の終わりに「貸借対照表」と「損益計算書」を作成する必要がありますが、これらの書類を作成するためには、日ごろから各種の帳簿に記入しておく必要があるのです。

自店の数字を管理することは、経営者の使命と言えます。毎日の数字の動きをしっかりと記帳し、毎月の収益状況を把握して管理していくことで、永続的な経営体を目指すことができるでしょう。

*

帳簿の記入方法は、大きく分けて2つあり、さらに必要な帳簿の種類などによって細かく分類されます（図1）。

①単式簿記

「売上」、「仕入」、「経費」のみを計算し、事業の損益だけを記帳していく方法で、個人事業の場合はこちらでも可。10万円の青色申告特別控除が受けられます。

②複式簿記

損益だけでなく、お店の資産や負債の増減も記帳していく方法。65万円の青色申告特別控除が受けられます。法人の場合はこちらを選択します。

単式簿記について

単式簿記には、さらに「簡易簿記」と「現金主義簡易簿記」という2つの方法があります。

①簡易簿記

簡易簿記には、「現金出納帳」を柱とした5つの帳簿が必要です。

・現金出納帳（図2）

現金の出入りを日付順に記入して

図1　帳簿の分類

```
帳簿 ─┬─ 単式簿記 ─┬─ 簡易簿記 ─┬─ 現金出納帳
      │            │            ├─ 売掛帳
      │            │            ├─ 買掛帳
      │            │            ├─ 経費帳
      │            │            └─ 固定資産台帳
      │            └─ 現金主義 ─── 現金主義簡易簿記
      └─ 複式簿記 ─┬─ 主要簿 ─┬─ 仕訳帳
                   │          └─ 総勘定元帳
                   └─ 補助簿 ─┬─ 現金出納帳
                              ├─ 売掛金元帳
                              └─ 買掛金元帳
```

図2 現金出納帳の例

No. 1　　　　　　　　　　　　　　　　　　　　　　　作成者
　　　　　　　　　　　　　　　　　　　　　　　　　　承認

2014　年　1　月　　現金出納帳

月	日	勘定科目	摘要	借方金額	貸方金額	差引残高
1	6	現金売上	本日売上	100,000		100,000
1	6	通信費	電話代		8,000	92,000
1	6	水道光熱費	電気代		12,000	80,000
1	7	現金売上	本日売上	94,000		174,000
1	7	雑費	ノート		100	173,900
1	8	現金売上	本日売上	110,000		283,900
1	8	旅費交通費	高速料金		950	282,950
1	9	現金売上	本日売上	75,000		357,950
1	9	当座預入	○○銀行へ入金		250,000	107,950

いきます。売掛金の回収や買掛金、経費の支払いがあったときも記入します。

・売掛帳
即金（買ったらすぐに支払いをすること）でなく、一定期間後に代金を受け取る約束で商品やサービスを提供（掛け売り）したときに、得意先別に記帳します。未回収金（売掛金）を管理しておくための帳簿です。

・買掛帳
自店が後払いで商品や資材を仕入れたときに、仕入先別に記帳します。未払金（買掛金）を管理しておくための帳簿です。

・経費帳
人件費や家賃、光熱費など、仕入れ以外の必要経費を管理するための帳簿です。

・固定資産台帳
減価償却費（建物や機械といった、時間の経過や使用によって生じる価値の減少分を見積もって耐用年数に割り当てて配分すること）の現在の価値を把握するための帳簿です。建物や自動車、パソコンなど、購入価格が10万円以上で耐用年数が1年以上の固定資産を取得した場合に、資産ごとに記帳します。

月末には、これら5つの帳簿の1カ月の金額を集計して、「月別総括集計表」という表にまとめます。

②**現金主義簡易簿記**
この場合は、記帳するのは「現金式簡易帳簿」の1冊のみです。現金の出入りがあったとき、「売上」、「仕入」、「経費」の金額を1冊にまとめて記帳していきます（この記帳方法が認められるのは、税金申告年度の前々年度の事業所得と不動産所得が300万円以下の事業のみとなります）。

複式簿記について

複式簿記では、すべての取り引きを「勘定科目」に分類し、それぞれ1つずつを「借方」と「貸方」に振り分けて記載する帳簿記入方法のことです。

これだけの説明では何のことかわ

からないと思いますが、簡単に言うと取り引きの詳細や事業の財政状態を記入する方法で、単式簿記に比べて帳簿の数も多く複雑です。

複式簿記では「仕訳帳」と「総勘定元帳」という2つの主要簿と、「現金出納帳」、「売掛金元帳」、「買掛金元帳」などの補助簿があり、月末には総勘定元帳に基づいた試算表を作成します。事業年度の終わりには「損益計算書」と「貸借対照表」を作成して決算を行い、確定申告します。

決算と確定申告

1年間の経営成績と、事業年度終了時点での財政状態を明らかにするための手続きが「決算」です。

個人事業の場合、1月1日から12月31日までの1年間が事業年度で、年末に1年間の記帳を元に決算書を作成します。確定申告の期間は翌年の2月16日〜3月15日です（期日は土日と重なると順次繰り下げ）。法人の場合は決算期は任意に定められ、決算期から2カ月以内の確定申告となります。

自店の状況を把握して経営に生かすためにも、帳簿はなるべく自力で付けたいものです。個人事業者向けの便利な会計帳簿ソフトもたくさん販売されていますから、パソコンで挑戦してみるのも良いでしょう。

しかし、どうしても忙しくて記帳が難しい場合、報酬を支払って税理士や会計事務所などの専門家に依頼するのも確実な手段です。

現金の管理方法って？

日々の営業で出入りする現金は、売り上げを管理するレジスターと、そのほかの入出金を管理する手提げ金庫とに分けて扱います。

レジスターには毎日同額の釣り銭を準備して入れておき、お客さまからの支払いとその釣り銭のみを扱います。備品の購入や集金、荷物の着払い代金などをレジスター内の現金から支払うことは避けましょう。もしも釣り銭以外の出金をする場合は、支払いの際の領収書や出金伝票を入れておきます。また、現金売り上げ以外の入金（売掛金の回収など）をレジスターに入れる場合も、メモか入金伝票を入れておきます。

5
売り上げアップ編

開業してしばらく経ったら、売り上げアップを目指して
さまざまなアプローチをしていきます。
サロンを長く続けていくために、
お店の個性を生かしながら、一歩ずつ取り組んでいきましょう。

売り上げアップ編

経営パターンを把握する

経営を始めて1年が経つと、売り上げや顧客数の"前年対比"ができるようになります。
経営の現状に合わせて、お店を長く維持するための対策を立てましょう。

1年を経過すると前年対比ができるように

ペットサロンをオープンして1年以上経つと、開業したてのころにはない経営上の現象がたくさん発生します。

開業からの1年間は、がむしゃらに目の前の仕事に努めることでしょう。お店の"前年"がないために比較する対象もなく、今が良いのか悪いのかわからない状態で、日々一生懸命お客さまへの対応を考えると思います。

しかし、開店から1年以上経つと比較できる経営データが蓄積され、「昨年と比べてどうか?」という「前年対比」が明確にできるようになります。「昨年と比べて売り上げが上がった、下がった」と一喜一憂することが多くなるでしょう。

お店の経営は、「今年はどのような傾向なのか」をしっかりと把握して対処を考えることが発展への糸口です。

売り上げが上がったとき、あるいは下がったときに未来を見据えた対処をすることができるでしょうか。これは今後あなたのお店を永続させるために、とても重要なことなのです。

原因を考察して効果的な対策を

売り上げが上がった、下がったという現象について、その理由を整理して考えてみましょう。原因がわからない状態のなかでやみくもにがんばっていくよりも、確実に効果的です。

たとえば、新規客が減っていることが原因で昨年よりも売り上げが落ちているときに、来店するお客さまに多くのものを購入してもらうことで売り上げを回復しようとしても、限界があります。こういったときは、まずは「新規客をもっと確保しよう」と考えるべきですが、新規客が減少していること自体に気付かないとしたら……。売り上げが落ちた原因を見誤って、間違った対策に力を入れてしまうお店も多く見受けられます。

経営パターンは27通りしかない

それでは、経営にはどのようなパターンがあるのでしょうか。これには、次の3つの切り口の現状から見ることが大切です。

①「新規客」
②「再来(リピート)客」
③「客単価」

これらの切り口から見ると、じつは経営パターンは27通りしかありません。サロンを発展させていくには、このパターンを理解し、それぞれに応じた対処をすることが最も効率的で、効果的な方法なのです。

お店の売り上げが下がってしまうと、安易に「料金を値下げして新規客を獲得しよう」と考える人が多いようです。値下げは、来客数が増えている場合は何ら問題はありません。しかし、来客数も減り、値下げもし、結果的に経営が立ち行かなくなるケースをよく見かけるのも事実です。

売り上げアップ編

3つの切り口から見る27の経営パターン

1
- 新規客 ↑
- 再来客 ↑
- 客単価 ↑

すべてが上昇している状態。このときにすべきことは組織化。現状は上昇していても、いつかどこかの要素が下降する可能性があり、それを乗り切るために強い組織体制が必要。良い人材を採用し、教育によってレベルアップを図る。

2
- 新規客 ↑
- 再来客 ↑
- 客単価 →

客数が安定した状態。来客数の増加によって、下がっていた客単価が一定水準を保てるようになっている。規模の拡張や業態の付加によって拡大路線を行う。客単価を向上させるための投資を検討する。

3
- 新規客 ↑
- 再来客 ↑
- 客単価 ↓

来客数増加策が成功する段階。来店を促すために低単価のメニューが増え、客単価が下がることが多々ある。この状態のときは、来客数を増やす方策を堅持する。さらにサービス力を向上し、「選ばれるお店」を目指すことが必要である。

4
- 新規客 →
- 再来客 ↑
- 客単価 ↑

新規客の開拓が一定の水準を維持し始めた状態。リピート客(定着率)の向上によってお店のファンが増加。また、提案力が高いため、客単価の向上が実現できている。この状態では新規客の開拓策を実施していく必要がある。

5
- 新規客 →
- 再来客 ↑
- 客単価 →

再来客数を向上できている状態。提案能力が向上し、客が定着しつつある。このときは再来客からの口コミによる新規開拓を1つの柱にした経営戦略が重要になる。さらにそれを後押しするために広告宣伝に少しずつ力を入れる。

6
- 新規客 →
- 再来客 ↑
- 客単価 ↓

一定水準の新規客は確保できているが、再来客を重視するあまり新規開拓を怠ることがある。対応力強化の主体にするが、新規開拓も優先する。新規対応を実施すると客単価は下がることもあるが、これは一過性であることが多い。

7
- 新規客 ↓
- 再来客 ↑
- 客単価 ↑

提案力が高く売り上げが伸びているときに起こりやすい状態。定着力や提案力を過大に評価して、新規客を増やすことを怠ってしまいがち。再来客の口コミによる新規開拓を戦略とし、さらにそれを促進するため広告宣伝に力を入れる。

8
- 新規客 ↓
- 再来客 ↑
- 客単価 →

客を定着させる対応面は成功している状態。新規と再来を合計した総数を検証し、再来客数の伸びが新規客数の減少を超えていれば客単価向上策と新規開拓策を実施する。新規の減少が上回っていれば、新規開拓策を最優先。

9
- 新規客 ↓
- 再来客 ↑
- 客単価 ↓

再来客への提案力が高い状態。新規開拓策を重視する。客単価を向上するためには時間がかかる場合があるため、まずは新規を開拓することで売り上げの向上を図る。その後再来客への提案力を高め、「行きつけのサロン」を目指す。

要因の追求からアプローチへ

上に、新規客、再来客、客単価の3つの切り口から見た経営の27パターンをそれぞれ掲載しています(ただしこれはあくまでも"傾向"であり、いずれかにすべて当てはまるとは限りません。また、上昇率や下落率は考慮していません)。また、各経営パターンの問題点や、これから目指していくべき方向性なども解説しました。

いろいろなパターンがありますが、売り上げが下がるときには、18〜27までのパターンが適応されます。

しかし、売り上げが下がったときの対策に優先順位を付けることはできません。複合的な要因によって売り上げが落ち込んでいるケースが多く、それを一気に解決することはとても難しいのです。

いっぺんに逆転を狙おうとせず、要因を1つずつ追求しながら、自分の「力相応」の範囲で1つ1つ解決することが、お店の業績回復には最も近道となります。

119

10	新規客 ↑ / 再来客 → / 客単価 ↑

新規客の開拓が継続している状態。また物販の「ついで買い」によって客単価も上昇している。フォローDMなどによって再来客を喚起するとともに、新規客に対する対応力を強化し、定着・再来に努める。

| 11 | 新規客 ↑ / 再来客 → / 客単価 → |

新規開拓策を実施し、結果が出始めた状態。この段階では開拓を継続する。その後対応力の強化により再来客の向上を実現する。この後客単価は下がることが多いが、これを恐れず再来客の向上を目指すべきである。

| 12 | 新規客 ↑ / 再来客 → / 客単価 ↓ |

新規客数が多くなるとこのような状態になりやすい。とくに客単価向上を意識することなく再来客を向上させ、定着化に力を入れる。新規客と再来客の合計である来客数の向上が重要課題である。

| 13 | 新規客 ↓ / 再来客 → / 客単価 ↑ |

来客数があまり増えていないのに売り上げが増加する現象が起こる場合が出て、危機感が薄らぎやすい状態と言える。物販面によって売り上げが向上していることを忘れずに、新規客を確保することを主とした戦略を取る必要がある。

| 14 | 新規客 ↓ / 再来客 → / 客単価 → |

売り上げが微減傾向。来客総数の減少が少なく新規客の減少を見逃すことがある。新規開拓のための広告宣伝を重視する。新規客を確保できれば定着しやすく再来客も増加する可能性が高い。

| 15 | 新規客 ↓ / 再来客 → / 客単価 ↓ |

この状態で新規の減少率と客単価の下落率も低ければ、あまり危機意識を持たなくて良いが、今後は選ばれないサロンになる危険性がある。客単価の下落率によって、定着率向上か新規確保を重視するか検討する。

| 16 | 新規客 → / 再来客 → / 客単価 ↑ |

一定した売り上げ向上の状態。しかし客単価の変動は外的環境(たとえば競合の閉店など)の影響が大きい場合が多い。この状態では、時間的、金銭的に余裕があるために新規客と再来客の向上策を並行して行うことができる。

| 17 | 新規客 → / 再来客 → / 客単価 → |

前年と変化がない状態。この状態が続くと、競合の増加やペットの飼育頭数減などの影響を受けて結果的に売り上げが下がる可能性が高い。この状態ではどの要素を挙げるかを選択できる。

| 18 | 新規客 → / 再来客 → / 客単価 ↓ |

外的環境の影響を受けて客単価が下がっている可能性が考えられる。ほかのサロンに客が移行している場合、すぐに戻すことは難しい。したがって新規客を開拓し、自店を支持してもらえるように方策を検討することが重要となる。

経営アプローチの例

自店の経営パターンが把握できたら、具体的にどんな対策を行えばよいのでしょうか。次にその一例を挙げましたので、参考にしてみてください。

●新規客が減っている
↓チラシのポスティングで新規客を増やす

新規客を確保することが必要な場合には、お店の存在をアピールすることで来店を促進しなくてはいけません。販促媒体にはいろいろなものがありますが、最も費用対効果が高いとされている媒体はチラシです。作成方法やポスティングのポイントは、オープン時と同じです。

●再来客が減っている
↓DMでリピートしてもらう

一度来店してもらったお客さまに再び足を運んでもらうためには、「何度でも来店してもらえる仕掛け」を考えることが大切です。また、一度来店してもらったお客さまに自店をより印象付

売り上げアップ編

19
- 新規客 ↑
- 再来客 ↓
- 客単価 ↑

新規客数や客単価の増加率と再来客数の下落率によるが、この状態では売り上げが下がる可能性が高い。新規と再来の客数の下落率が大きければ再来客を重視する。客単価が下がる可能性もあるが一過性のものである。

20
- 新規客 ↑
- 再来客 ↓
- 客単価 →

再来客が減っている状態。この状態では売り上げが下がっている場合が多いので危機感を持つ。リピート率を上げるためのメニュー作りや企画などによって、再来客数を向上させることが優先になる。

21
- 新規客 ↑
- 再来客 ↓
- 客単価 ↓

新規客の来店はあるが定着せず、その後ほかのサロンに移行されている場合が多い。新規対応を重視し、新規客を大切にすることが最も重要。その後再来客数を向上させるように方策を検討する。

22
- 新規客 →
- 再来客 ↓
- 客単価 ↑

新規客数は一定水準を保っている。この場合では新規客の確保を優先する。そして新規客から再来客への定着実現のための対応力を強化すると、短期間で業績が向上しやすい。その後再来客数を向上させる方策を実施する。

23
- 新規客 →
- 再来客 ↓
- 客単価 →

一定水準の新規客数を確保している。ただし客単価が下落することがよくあるため、新規・再来客数を同時に向上させる方策を取る。新規開拓、新規対応によるリピート率の向上、リピート率向上のための企画などを並行して進める。

24
- 新規客 →
- 再来客 ↓
- 客単価 ↓

新規客数と再来客数の合計が下がっている場合、まず来客母数を増やすために新規開拓と再来客数向上策を実施する。そして客単価の減少理由を見きわめる。値引きなどによる場合であれば価格の引き上げを行う。

25
- 新規客 ↓
- 再来客 ↓
- 客単価 ↑

この状態では売り上げが伸びている場合がある。気付かないときもあるが、まずは新規客数向上策に力点を置き、広告宣伝を重視する。その後、再来客数向上策を実施し、定着率・稼働率を向上させる。

26
- 新規客 ↓
- 再来客 ↓
- 客単価 →

新規客数の向上を重視する。新規客の定着とリピート率を向上させる。多くの場合、客単価が下がらないかどうかを気にする傾向にあるが、客単価は下がることを前提にしても、客数を増加させる方策を実施するほうが成功しやすい。

27
- 新規客 ↓
- 再来客 ↓
- 客単価 ↓

新規客数と再来客数の向上を並行して行う。経営にかける時間や労力が多くなければ業績は下がり続ける。新規客確保→定着→リピート率向上→客単価向上というサイクルを短期間に実施し、これをより多く回す方策を実施する。

それには、問題が起こったときにその要因を把握して改善策を考え、実行することが大切です。ただし、要因を把握することに時間がかかり、その後の行動が遅れそうな場合には、まず次に進むべき一歩を考えてください。

そのほうが、原因分析よりも重要になります。経営者が陥りやすい現象として、「なぜ売り上げが落ちたのか？」と原因を考えすぎて、次に実行しなくてはならないアクションがおざなりになることが挙げられます。

会社やお店は生きものです。自分の分身だと思って、着実に大切に育ててください。

ひとたび経営者になれば、「企業経営」は永続的に続くあなたの使命です。外的環境や社内事情のさまざまな変化によって、良くもなり悪くもなります。これらの変化に負けないお店になるように、自店を育てていかなくてはいけません。

＊

けるためには、お礼状や誕生日カードを送るなど、コミュニケーションを継続していくことが必要となります。そのためには、費用対効果を考えた場合、DMが適しています。

売り上げアップ編

リピート率アップのためにできること

一度来店していただいたお客さまに再び足を運んでもらうためには、どんなアプローチが必要でしょうか。アプローチしたいお客さまのタイプ別にその方法を解説します。

既存顧客にリピートしてもらうために

新規のお客さまに来店してもらうためにかかるコストと、既存のお客さまに再来店してもらうコストを比較すると、どの程度の差があると思いますか？ 一般的には、新規客獲得にかかるコストは、既存客を維持するコストに比べて、5〜10倍程度かかると言われています。

そのため、オープンしてからある程度経過したら、新規客を集めるだけではなく既存顧客にリピートしてもらうための取り組みを行う必要があるのです。

自店に来てくれたことのあるお客さまのなかには、「何年も通ってくれている常連のお客さま」、「1年に1回程度しか来店しないお客さま」、「新規で来たばかりのお客さま」、「昔はよく来てくれていたけど最近来なくなったお客さま」など、いろいろな状態の人がいると思います。

まずはお客さまを自店との関係性に基づいて振り分けて整理していきましょう。

常連のお客さまと新規で来店したお客さまが次回も来店する可能性が高いでしょうか？ それはもちろん常連のお客さまだと思います。それは、常連のお客さまとは過去の関係性の積み重ねがあるからでしょう。つまり固定化・リピート化の積み重ねとは、「お客さまとの関係性の積み重ねをどのように作っていくか」を考えていく作業であると言えるのです。

では、どういったお客さまにどのような取り組みを行うと、良好な関係性を築いていけるのでしょうか。

顧客ピラミッドを理解しよう

自店との関係性別にお客さまを階層に分けたのが、顧客ピラミッド（図1）です。1つずつ説明していきましょう。

①信者客

自店に何年も通ってくれている、継続的に通ってくれているなど、いわゆる「常連さん」のことです。自店のことを積極的にほかの人にも紹介介してくれる人でもあります。

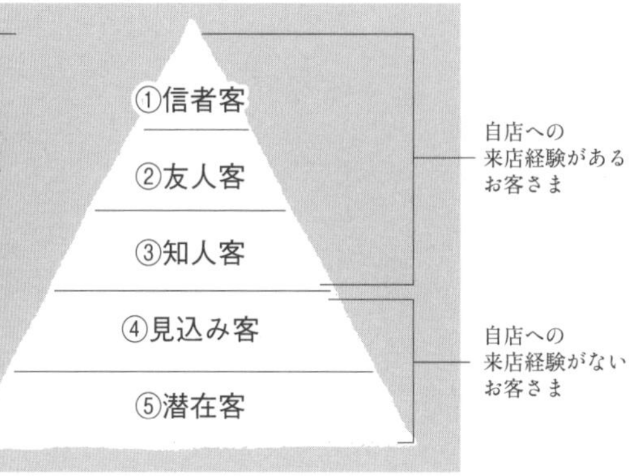

②友人客

自店に通ってはいるが、来店頻度は高くない層です。目安としては自店への来店回数が3〜10回程度まで

図1 顧客ピラミッド

- ①信者客
- ②友人客
- ③知人客 — 自店への来店経験があるお客さま
- ④見込み客
- ⑤潜在客 — 自店への来店経験がないお客さま

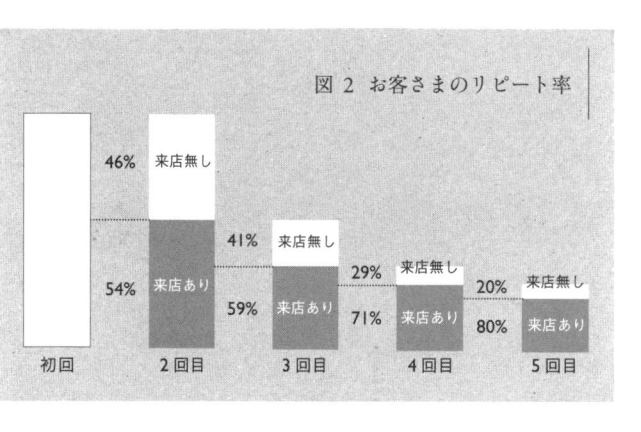

顧客のステップアップ

●「③知人客」から「②友人客」へのステップアップのためにしたいこと

図2は、あるペットサロンで過去1年間で新規で来たお客さまがその後どの程度リピートして来店してくれているかを調査した結果です。この調査で注目したいのは、初回から3回目までに次回来店につながっているのは50％台なのに対し、3回目以降は70～80％台という高い数値になっているということです。

つまり、初回から3回目まで来店すると、その後は継続来店の確率が非常に高くなるのです。リピート化・固定化の最大のポイントはここにあります。まずは3回来店してもらうことに集中していきましょう。

リピート化・固定化は当然ながら自店に来店経験のあるお客さま①～③が対象になりますが、顧客ピラミッドの全体を把握するために④～⑤は来店経験のない人たちについても簡単に説明しました。104ページでお伝えしたような新規のお客さまにも来店してもらうための取り組みを通じて自店の情報を伝えていきましょう。

*

リピート化・固定化のためには、「③知人客」から「②友人客」へ、「②友人客」から「①信者客」へと1つずつお客さまの階層を上げる取り組みを行っていくことが大事です。でも、順を追って説明していきましょう。

①お客さまの期待値を知る

3回目まで来店してもらうために重要なのは、初回来店時にそのお客さまの自店への期待値を知るということです。みなさんも経験があると思いますが、初めて行ったお店に次もまた行こうと思うかどうかを決めるのは、最初の印象が大きく影響し

図2 お客さまのリピート率

初回: 54% 来店あり / 46% 来店無し
2回目: 59% 来店あり / 41% 来店無し
3回目: 71% 来店あり / 29% 来店無し
4回目: 80% 来店あり / 20% 来店無し
5回目: 来店あり / 来店無し

の人です。名前と顔が一致するお客さまとイメージしてください。

④見込み客

自店にまだ来店経験のない人で、自店のお客さまから自店の情報や存在を聞いているような、今後来店される可能性のある人の層です。

⑤潜在客

自店にまだ来店経験のない人で、自店のことをまだ知らない層です。

ているのではないでしょうか？つまり、お客さまがもともと持っていた期待値を上回る場合（期待以上）、もしくは同等の場合（期待通り）であれば、再来店の可能性も高まります。一方で、期待値を下回った場合（期待外れ）には次回来店の可能性は低くなってしまいます。

お客さまの期待値を知る方法はいくつかありますが、最も簡単にできる方法は、新規客にカルテを記入してもらうときに「どのように自店を知ったか」というアンケートを取ることです。誰かからの紹介や口コミであれば、どのような紹介コメントを受けたかも聞いてみてください。そのコメントこそ、自店に対して期待している内容と考えてよいでしょう。ホームページを見て来店したのであれば、ホームページに書いてあることがお客さまの期待値となると思います。

余談ですが、自店のホームページに書いてある内容を自店のスタッフがあまり理解していないということがよくあります。お客さまは「ホームページに書かれてある内容はやっ

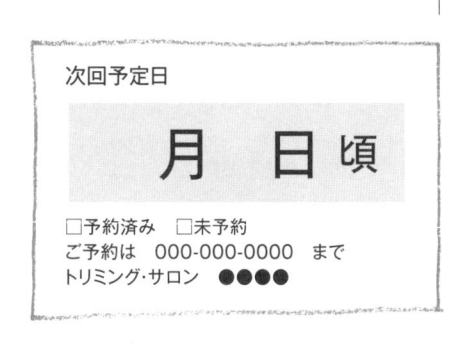

高くなるということです。ここでその可能性をさらに高くするためには、お客さまに自店のことを思い出してもらうタイミングを作っていくことが必要になります。

ここで押さえておきたいのが、どんなにすばらしい接客をしても、どんなに思い通りのカットになっても、お客さまが2回目を利用しないという点です。それは単純に、自店のことを「忘れている」のです。

図3 次回予約カード

```
次回予定日

   月   日 頃

□予約済み  □未予約
ご予約は 000-000-0000 まで
トリミング・サロン ●●●●
```

1) 次回予約日(目安日)カード(図3)

来店目安日を記入してお渡しする来店目安日もしくは次回カードのことです。大きさは財布に入る程度の名刺サイズで作りましょう。お客さまの手元に残ることが大事ですから、保管されやすいサイズで作ることがポイントです。

会計時に次回予約をきっちりと取れれば良いのですが、年末などの繁忙期以外は、なかなか前もって次回予約を取るのが難しいことも多いでしょう。その場合は、具体的な日付を入れて予約日をお伝えしておくことで、次回来店のイメージを高めてもらいます。また、予約までではなくとも、このように日付を書くことで「お店とお客さまとの約束」という認識に誘導できるようになります。

2) サンクスレター(図4)

サンクスレターは来店されたお客さまにお送りするお礼のDMです。来店してから3日以内にお客さまの元に届くように送りましょう。サンクスレターは初回から3回目までの来店のあいだは、毎回出したほうが良いと思います。初回のサンクスレターを出しているところは多いですが、3回目まで出しているところはほとんどありません。3回目まで来店してもらうことを目的とするなら、ここは手間をかけてでも頑張ってやりきりましょう。

内容も、初回は「来店のお礼を言うこと」、2回目・3回目は「お店のこだわりを伝えること」などと、内容や伝えるポイントを変えていくと、同じサンクスレターでも受け取ったときの印象を変えることができます。また、次回予約日カードに記載した次回予約日(目安日)も一緒に記載すると効果的です。

●「②友人客」から「①信者客」へのステップアップのために

友人客の段階になると、お客さまの固定化はかなり進んでいると言えるでしょう。しかし、この段階で満足せず、お客さまに次のステップに進んでもらうためには、自店とお客さまとの関係性をより深くしていく

てくれて当然」という認識でいるはずです。ホームページに書かれている内容は必ず全スタッフで共有しておきましょう。

来店するお客さまは、このように何らかの情報を得て、その情報を期待しているのがほとんどなのです。どんな情報を得ているのかを知ることができれば、お客さまの期待に応えやすくなると言えるでしょう。

とくにトリミングは、来店頻度が2～3カ月に1回というのが一般的な業界です。犬種によっては半年～1年に1回ということもあるのです。初回から2回目までにこれだけの時間がかかることを考えると、自店を忘れてしまうという理由は当然と言えるでしょう。

ある心理学者の調査結果では、人は1日経つと80%くらいのことを忘れてしまっているという結果もあります。1日で80%であれば、3～4カ月後には、ほとんど記憶に残っていないということになるでしょう。

②自店の存在を思い出してもらう

お客さまの期待値を超えたとしても、それで次の来店が決まるわけではありません。あくまでも可能性が高くなるだけで、その可能性を確実にするためには、お客さまに来店してもらえる取り組みを行っていくことが大事になるのです。具体的な取り組み例を紹介していきましょう。

図4 サンクスレターの例

ことが必要となっていきます。関係性には、①お客さまとお店、②お客さまとトリマー、③動物とトリマーの3つがあります。それぞれの関係性を確認していきましょう。

① **お客さまとお店**

お客さまとお店の関係性を深くするためには、お店で行う企画などにお客さまの意見を反映させたり、オフ会などのお客さま参加型のイベントに積極的に参加してもらったり、お店の運営に巻き込んでいくと良いでしょう。

② **お客さまとトリマー**

どんなに技術が上手でも、どんなにお店の雰囲気が良くても、最後は人と人の繋がりが大事になってきます。しかし、サロンではお預かりとお返しのちょっとした時間しか、お客さまとコミュニケーションを取る時間がありません。限られた時間のなかで効果的に関係性を構築するためには、お客さまのパーソナルな情報を蓄積してスタッフ全員で共有することが効果的です。

お客さまに、自分のことを覚えてもらっている、気にかけてもらえているという感情を持ってもらえるように努力していきましょう。動物だけでなくお客さま自身のカルテも作成し、会話の中で出てきた家族構成や趣味などのプロフィール情報を蓄積する取り組みを行っているところもあります。

また、お客さまのパーソナルな情報を引き出すためには、トリマーも自分の情報を公開していくことが必要です。受付周辺でスタッフ紹介を行ったり、名刺を渡したりなどして、人となりを見せることも重要です。

③ **動物とトリマー**

意外と忘れがちなのが、動物とトリマーとの関係性です。これは相性と言えるかもしれません。常連さんのなかには、「うちの子は、●●さんが大好きだからここに来ているのよ」というようなことを話す人もいると思います。

動物の性格や犬種を考慮して、その動物に合うトリマーがトリミングを行うように取り組んでいるお店もあります。その結果、トリミング中に動物が落ち着いていられて作業を短くすることができたり、いい表情で写真を撮れるようになったりと、非常に良い効果が出ているようです。

　　　　＊

一見どれも地味な取り組みに見えるかも知れません。しかし、先にも述べたように継続的に来店していただくためには、お客さまとの関係性作りが重要なのです。

ひとくちにお客さまの来店といっても、新規で1件増やすよりも再来店で1件増やすほうが、かかるコストや手間はかなり少なくなります。サロン経営の安定化のためにも、しっかりとリピート率アップに取り組んでいきましょう。

売り上げアップ編

やっておきたい販促物強化

販促物にはさまざまな種類がありますが、お店に合った効果的な手法を取っていますか？
ここでは意外と見落としがちなツールを中心にピックアップしました。

販促物を振り返ってみよう

ペットサロンではさまざまな広告・販促を行うことができます。ひとくくりに販促物といっても、お客さまに送付するDMや店内に掲示するポスター、来店客にお渡しするリーフレットなどその種類はさまざまです。

まずは自店の販促物を振り返ってみましょう。販促は自店の情報・存在を広く伝えることが目的です。そのためにはできる限りのルートで情報発信をしていきたいものです。「オープニング集客の大切さ」（104ページ〜）に掲載している情報発信ルートを振り返ってください。このルートのなかで取り組めていないものがないかを確認していきましょう。

もしもすべて行っている場合は、どの媒体で効果が出ているのかを、図1のような新規客カルテを通じてチェックしておくと今後の販促予算の割り振りに便利です。基本的には、新規客が多いルートに販促費用を多く振り分け、少ないルートは費用を減らすなどの調整を行うことが重要です。

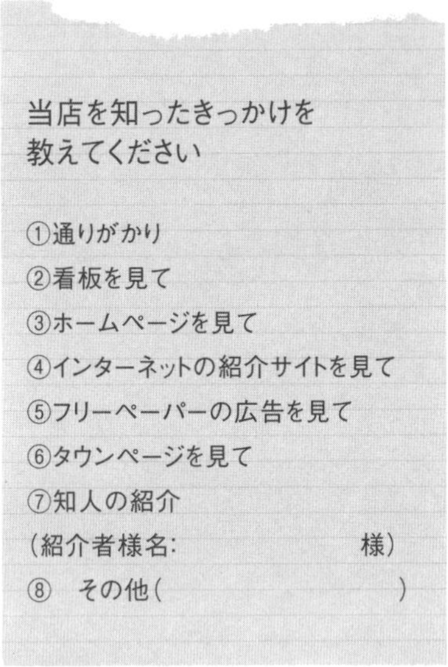

紹介・口コミを増やそう

来店ルートのなかで最も販促費用がかからないのが、紹介・口コミによる来店です。販促費用が少ない場合は、このルートを強化していきましょう。紹介・口コミを増やすため

当店を知ったきっかけを教えてください

① 通りがかり
② 看板を見て
③ ホームページを見て
④ インターネットの紹介サイトを見て
⑤ フリーペーパーの広告を見て
⑥ タウンページを見て
⑦ 知人の紹介
　（紹介者様名：　　　　　　　様）
⑧ その他（　　　　　　　　　　）

図1　新規客カルテでの来店経路把握

には、自店に来店するお客さまに自店の情報を形にしてお渡しすることが必要です。この代表的な媒体をいくつかご紹介します。

① ショップカード

自店の営業時間、住所、電話番号、ホームページの案内、自店のこだわりなどが書かれたカードです。大きさは名刺サイズ程度で作成します。情報をたくさん入れたい場合は、折りたたんで名刺サイズになるようにしましょう。このサイズですと、お客さまのお財布の中に入れて保管してもらえます。

口コミは飼い主さん同士が情報交換をするときに起こります。もし、お財布の中にショップカードが入っ

売り上げアップ編

ていれば、その場でほかの飼い主さんに渡してもらえる確率が高くなります。媒体を作る場合には、このように情報が伝わるシチュエーションをイメージすることが重要です。

また、ホームページはURL（http://www/）…といったものを書くのではなく、「○○で検索してください」というように、飼い主さんが行動するハードルを下げて案内することも重要です。

②ポケットティッシュ

飼い主さんの情報交換の多くはお散歩中に起こります。そのため、お散歩に自然と持って行きやすい媒体としてポケットティッシュが挙げられます。これにも自店の情報をしっかりと記載しましょう。市販のものにショップカードを挟み込むだけでも良いと思います。

ポイントは、必ず2つ以上を手渡しするということです。1つだけではお客さまが自分で使用するだけで終わってしまいます。口コミを目的とする場合は2つ以上を渡し、「よろしければお散歩中などに、お友だちにもお渡しくださいね」とひと言添えると、より効果的でしょう。

図2はポケットティッシュのチラシの例です。人が誰かに口コミで紹介をするときには、その人の主観で紹介をすることがよくあります。自分たちは技術力の高さを売りにしていても、お客さまは「値段が安いサロン」と紹介するかもしれません。そのようにこちらがどのように紹介されるかわからないからこそ、自分たちの言葉で記載して、自店の特徴がしっかりと伝わるようにしましょう。

③紹介者の把握と紹介お礼状

紹介をしてくれたお客さまにお礼を伝えていますか？図1の中で紹介者名を書いてもらうのは、紹介者であるお客さまにお礼を伝えるためです。あるペットサロンで、最も多く紹介してくれているお客さまは誰かを調査したことがあります。そこでわかったのは、最も多く紹介してくれているお客さまは、必ずしも自店に多く来店している人ではないということでした。その店のスタッフには「紹介してくれているのだから、お客さま自身がたくさん自店に来てくれているだろう」という思い込みがあったのですが、それが違ったのです。紹介をしてくれたお客さまには、ぜひ紹介のお礼状を出しましょう。紹介という恩義に対しては、感謝の気持ちをお伝えすることが大事だと思います。図3を参考に、ぜひ取り組んでみてください。

＊

このように、販促を強化することは必ずしも販促費用を多くかけることではありません。知恵や手間をかけることでいろいろな取り組みができるようになるのです。

図2　ポケットティッシュに入れるチラシの例

図3　紹介のお礼状の例

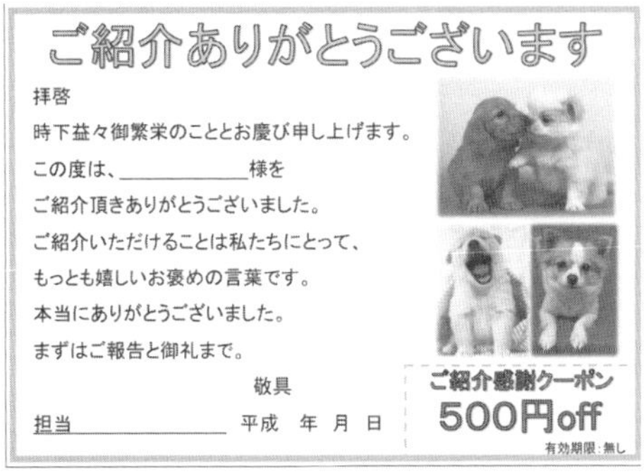

127

売り上げアップ編

ダイレクトメールを活用しよう

ダイレクトメールはお客さまの目につく魅力的なものであるべきです。制作のコツとポイントをつかんでブラッシュアップしましょう。

ダイレクトメール作成のポイント

ダイレクトメール（以下DM）は、お店の販促手法として最もポピュラーです。みなさんのお店の特徴がしっかりと伝わるように、効果的な作り方を覚えていきましょう。

DMは、お客さまの手に届いてから実際に来店してもらえるまでにいくつかのステップがあります。人が行動するときの理論として「AIDMA理論」（図1）というものがありますから、この理論に沿って説明をしていきましょう。

① Attention（注意）

DMがお客さまの手元に届いたときに、「すぐに捨ててしまわれない」というのが最初のステップです。テクニックとしては2つあり、1つ目はDM自体の大きさを変えることです。通常はハガキサイズをイメージすると思いますが、最近はA4サイズのDMも増えてきました。ハガキよりもコストは若干上がりますが、インパクトがあり、情報量をたくさん記載することができます。2つ目は大きさを変えずに色やデザインを変えるということです。白いハガキではなく、パステルカラーのハガキなど、目に留まりやすい色でアピールをすることも効果的です。

② Interesting（興味）

手に取ってもらった後は、中身を読んでもらうことが必要です。ここでのポイントも2つあります。1つしょうから、老眼の人にも読みやすめは文字の大きさです。お客さまにはさまざまな年代の人がいるでい文字の大きさを意識しておきま

DMの流れ	AIDMA理論	ポイントと例
DM到着時	A：Attention（注意）	いかに手にとっていただくか？ ・サイズによる差別化 ・色、デザインによる差別化
	I：Interesting（興味）	いかに中身を読んでいただくか？ ・文字の大きさ ・キャッチコピー
来店検討時	D：Desire（欲求）	いかに価値を伝えるか？ ・使用効果を伝える ・体験者の声を入れる ・店長のメッセージ ・ホームページへの誘導
	M：Memory（記憶）	いかに保管していただくか？ ・保管場所を作る ・捨てにくさを演出する
来店	A：Action（行動）	いかに来店させるか ・お得感の演出 ・具体的な次の手順を示す

図1
AIDMA理論を基にしたDMのポイント

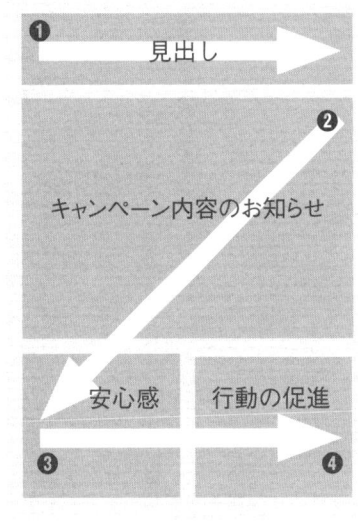

しょう。2つ目はキャッチコピーでお客さまの興味を引くキャッチコピーを考えましょう。キャッチコピーのテクニックはさまざまありますが、比較的簡単にできるのは「お客さまの悩みを問いかける」というものです。たとえばマイクロバブルの訴求を行うときに、「ワンちゃんの皮膚のニオイが気になりませんか？」といった形でお客さまの悩みや不安に問いかけます。DMで訴求したいメニューでお客さまの悩みを解消できるものがないかを考えてみましょう。

③ **Desire（欲求）**

①〜②までの段階を踏めば、お客さまはかなり興味を持ってくれているはずです。そこで、その興味をさらに後押しするために「なぜ自店のサービスがあなたに必要なのか？」を伝えましょう。そのメニューの使用効果を伝える、ほかのお客さまの体験談を掲載する、お店の顔である店長からのメッセージを書くなどの方法があります。内容に個別性があるほうが、お客さまに「行ってみようよう」という気持ちになってもらいやすいでしょう。

④ **Memory（記憶）**

DMを読んだお客さまがすぐに行動に移すわけではありません。そのためDMをお宅でしばらく保管してもらう必要があります。お店の名前と電話番号を書いたマグネットクリップを作成し、お渡しするときに「当店からのお知らせを挟んで保管してくださいね」と伝えることで、お客さまのお宅にDMを保管する場所を作っているところもあります。ほかにも、DMにスタッフの似顔絵や写真を入れておくと捨てられにくくなります。

⑤ **Action（行動）**

DMのゴールは、お店に来店して、予約の電話をしてもらうことです。行動を起こしてもらうためには、「今行かないと！」という気持ちを起こさせましょう。キャンペーンであれば期間を明確に記載する、予約方法を記載するなど、お客さまにしてほしい行動をしっかりと記載することが重要です。

さらに効果的なものにするために

DMをより相手に訴求するものにするために、レイアウトにこだわってみましょう。ポイントは「人の目線の動き」を利用することです。紙媒体を見る人の目線は図2のように動くと言われています。「Z字」のように紙面の左上に最初に注目し、❶から❸、最終的に右下❹方向へ動くのでこう呼ばれます。

この動きを利用すると、優先順位の高いものを左上と右下に配置することが重要だとわかるでしょう。

まず、最も注目される❶の部分に、キャッチコピーやキャンペーン期間など、最もお客さまに伝えたい内容を記載することで、興味を持ってもらえるようにしましょう。次の❷から❸の動きでは、このDMで伝える主な内容（キャンペーン、商品の紹介など）を記載します。

❸から❹の動きでは、お客さまが行動を起こしたくなるような内容を記載します。❸には体験者の声や、店長からのメッセージなど、安心感と興味を持ってもらえる内容を記載していきます。個々のお客さまへの手書きのメッセージなどを書いても良いでしょう。

最後に❹は、お客さまが実際に行動するために必要な内容を書いていきます。「ご予約はこちらへお電話ください」など、行動を起こしてもらうための文章とともに、お店の電話番号やホームページへの誘導などを記載します。

図2 ダイレクトメールのレイアウト（Z字）

❶ 見出し　❷ キャンペーン内容のお知らせ　❸ 安心感　❹ 行動の促進

売り上げアップ編

店内イベントやキャンペーン

お客さまとの絆を深める目的で実施することが多い店内イベントは、サロンの個性をアピールでき、集客や顧客満足につなげられるチャンスです。

イベントを通じてコミュニケーションを深める

お店を始めてしばらく経過すると、業務に追われてなかなかお客さまとコミュニケーションが取れなくなってしまったり、ルーティンワークの継続に閉塞感を感じたりすることも出てきます。そういった場合には、店内イベントを実施してみましょう。

店内イベントには、「栄養管理セミナー」のような教室型や、「しつけ教室」「ワンワン運動会」などの体感型と、さまざまなスタイルがあります。

イベントを行うメリットには主に次のようなことが挙げられます。

①お客さまとのコミュニケーションを深める

ふだんなかなかじっくりと話せないお客さまとも、イベント時にはゆっくりと時間を共有することができます。より深い関係性作りができるでしょう。

②新規客を獲得する

お店のサービスを利用したことがない人でも、お友だちに誘われて参加する場合があります。お店のことを知ってもらえるチャンスとなるでしょう。

③お客さまの趣向をリサーチする

新しいサービスを始める前に、お客さまのニーズがあるかなどを調べておくと安心して始めることができます。まずはイベントとして開催して、お客さまの反響を見てから本格導入するという方法を取ることもできるでしょう。

④スタッフ教育

スタッフ自身が講師として参加者の前に立つこともあります。こういった機会に勉強したり、資料を作ったりという経験を重ねると、スタッフの教育やスキルアップにもつながるでしょう。

どんなイベントを実施するか？

開催するイベントのジャンルにはさまざまありますが、大きく分けると図1のような4種類があります。

トリマーであるみなさんがみずから講師になれるお手入れ教室は、比較的取り組みやすいだけでなく、お客さまの需要も大きいでしょう。ほかにも、愛犬グッズ作りなど、スタッフの得意分野を生かしたものもお勧めです。

自分たちでできない分野の場合は外部の専門家を呼んで実施することも可能です。外部の専門家のなかには、自身のサービスを紹介する代わりに無償で実施してくれる人もいます。上手に活用していくと互いに大きなメリットがあるでしょう。

新規客を集める場合には、「参加してみたい！」と思ってもらえるような内容であることが必要ですので

130

売り上げアップ編

図1　店内イベントのバリエーション

①お手入れ系	・自宅でできるグルーミング ・シャンプー教室	など
②美容・健康系	・ペットアロマセラピー ・栄養管理、食育セミナー ・ドッグマッサージ	など
③トレーニング系	・パピーパーティー ・しつけ教室	など
④その他	・写真撮影会 ・オリジナルグッズ作成 ・ワンワン運動会	など

イベント実施時のポイント

イベントの企画を練っているあいだはとても楽しいものですが、いざ準備や運営を始めると大変なことが出てきます。事前準備や段取りをしっかりと決めておくと、イベント当日にスムーズな運営ができるようになります。

①開催の日時

イベントは基本として、通常業務の支障が出ない範囲で行いましょう。とくに繁忙期は避け、逆に閑散期に行うことで集客アップを見込むこともできます。イベントの内容や参加人数にもよりますが、1回当たりに長くても2時間程度までが理想的でしょう。

②参加人数

イベントの内容にもよりますが、最初は焦らず対応できる2〜3人くらいの少人数制から始めてみましょう。お店のスタッフが慣れてきたら、徐々に参加人数を増やしていきます。どうしても運営が不安な場合には、常連さんだけに声をかけて、完全招待制で実施してみても良いでしょう。

で、常連さん向けに開催してみて好評だったイベントなどから始めてみると良いでしょう。

③受講料

自分たちだけで行うのか、外部講師を呼ぶのかなど、かかる経費を計算して受講料を決めていきましょう。ただし受講料で利益を上げるのではなく、継続的に参加してもらうことでお店に通ってもらうことを目的とし、実際にかかる費用の実費程度に抑えるほうが賢明です。

④宣伝方法

来店するお客さまにチラシを渡すなどの告知方法が基本となります。ただし、新規客を呼ぶのが目的であればポスティングなどを検討してみても良いでしょう。ほかにも、FacebookやTwitterなどのSNSを通じて告知する方法も費用がかからず効果的です。また、他業種の知り合いのお店などにお願いしてポスターを掲示してもらうという方法もあります。その場合はそのお店のスタッフが慣れてきましょ

図 2　開催までの TODO リスト

2週間以上前

☐ お客さまとの会話やサロンの強みなどの条件を考慮して、テーマを決める（必要であれば講師も）

☐ 外部の講師を招く場合は、サロン側の目的やイメージをできるだけ明確に伝えて依頼する。日時や規模、段取り、指導料、必要な道具など細かい点についても早めに確認しておく

☐ 参加者を募集する。方法はサロンのホームページやSNSで告知するほか、店頭に貼り紙をする、チラシを配る、お客さまに直接声をかけるなど

☐ ほかのサロンや団体が開催しているセミナーに参加してみる。運営側として注意すべき点や、参加者がどんなことに関心を示すのか予測しやすくなる

1週間前

☐ セミナー当日に必要な道具がある場合は準備しておく（直前に用意したほうが良いものは、手配を済ませておく）

☐ 前日の準備や当日の進行、片付けなどの役割をスタッフに割り振る。当日に通常営業を行う場合は、急な予約や買いもの客の対応についてもスタッフ全員で話し合って決めておく

☐ 参加者の集まり具合を確認して、募集を締め切るか、受け付けるならいつ（何人）までをめどにするかを決める。定員をオーバーした場合は、受け付けられなかった応募者に丁重にお断りの連絡をする

☐ 当日の進め方を、簡単にシミュレーションしてみる。サロンのトリマーが講師になって実践的な指導を行う場合は、できるだけ本番に近い条件でリハーサルする

☐ 外部講師の場合、イベント時に講師が書籍やDVD、グッズなどを販売するかどうかを確認する

前日

☐ 当日に必要な道具や設備などに問題がないか、最終チェックを行う

☐ 外部の講師を招く場合は、最終の打ち合わせを行う。直接話すのが難しいときは電話でもOK

☐ 参加者の人数を確認する。受講料の支払いや当日用意してもらうものについて連絡を済ませる

☐ セミナー会場となるスペースを中心に、サロン全体を清掃する

☐ 当日配布する資料やアンケート用紙などはひとり分ずつまとめておく

⑤ **事前準備**

初めてイベントを開催するときなどは、スムーズな運営ができるように事前準備の段階で「TODOリスト」を作っておくと安心です。図2に、セミナー開催を例にした「TODOリスト」を紹介しますので、活用してみてください。

⑥ **イベント当日**

イベントの担当者が決まっている場合であっても、事前のミーティングなどによってスタッフ全員が当日のおおまかな流れを把握しておくと、何かあったときに対応がスムーズになります。当日は入り口に「セミナー開催中」といった張り紙などを掲示することで、参加者への案内になるとともに、お店の前を通りがかる人にイベントの存在をアピールすることができます。

終了後には参加者にアンケートを実施して、感想や要望、改善点をまとめ、今後の開催に活用しましょう。

お店の案内を自店に設置するようにすると、協力してもらいやすくなるでしょう。

売り上げアップ編

ペットホテルを併設するなら

年末年始や夏季休暇などに需要が高いペットホテルサービス。ランニングコストが低く収益につながる半面、安全管理への十分な配慮が必要となります。

ペットホテルに必要な設備

ペットホテルのための設備を設ける場合は、「お客さまが安心して預けられるか」が基準になります。お客さま視点の安心できる設備・基準とは、おおよそ次のようなものになります。

・預かり中の健康ケアをしてくれる
・もしもの場合に対応できる（提携動物病院があるなど）
・十分な広さの個室に宿泊できる
・清潔な空間である
・個別の食餌管理をしてくれる（多頭飼いの場合をのぞく）
・ほかのペットとは同室でない
・世話をするスタッフが愛犬と接したことがある
・定期的に散歩、運動をさせてくれる

ペットホテルの設計

実際に店内にホテル用のスペースを設ける場合、どのような設計が求められるでしょうか。まずは安全性に合理性に重点を置き、次の各事項を考えていきましょう。

①脱走防止対策は万全に

ペットホテルサービスには、このような基準をしっかりと満たすことが必要になってきます。そのため、「スペースがあるからホテルを設置しようかな」といった安易な考えでは後々のトラブルにつながりかねません。事前にしっかりとサービスの規約やホテルの環境について考えておきましょう。

ホテルのスペースと受付や物販スペースなどの外につながるスペースの仕切りには、ロックできるドアを設置します。ドアは、ホテル側から引いて開く構造が良いでしょう。

②清掃・消毒作業が容易な構造

不特定多数の犬が入れ替わるケージ内は、伝染病や感染症などの予防のため、その都度掃除と清掃を行わなければなりません。これはトリミングのための一時預かりでも同様で、消毒や清掃が簡単にできるように、ステンレス製のケージが便利です。ベッドやタオルなどの布製品も、その都度洗濯をして清潔なものを使いましょう。

③空調管理が可能であること

ホテルスペースの適正温度は、個別の事情もあるため一定には考えにくいと言えます。また、ケージの上下や空調設備の位置によって、同室内でも温度が異なることのないようにしましょう。扇風機などで空気を循環させるのも1つの手です。

夏期に多くの預かりがあると、設定温度より高温になるケースもあります。そのため、定期的に預かり動物の様子を見られるようにケージを

配置しておくことも必要です。臭いもこもりやすいため、換気は24時間稼働させることが望まれます。

トラブルの防止のために

生体に関するトラブルは、緊急を要することがほとんどです。ほかの犬のシャンプーやトリミング中であっても、つねに預かっている犬への配慮を忘れないようにしましょう。

不測の事態に素早い対応ができるように、あらかじめガイドラインなどを定めておくことをお勧めします。

また、預かる前にはお客さまに図1のような同意書に記入してもらうことで、事前説明と確認事項の徹底を行っておきましょう。

ペットホテルで起こる不測の事態としては、次のようなことが考えられます。

①健康状態の悪化
②ケガ（トリミング中も含め）
③脱走、行方不明
④引き取り拒否

以上のどのの場合も、なるべく早くお客さまに連絡を取り、事態を報告する必要があります。その際、①〜③は発生してからどれくらい経ったか、どんな対処を行ったかを簡潔に説明します。

①と②に関しては、可能な範囲で応急処置を行いましょう。ただし、原因や適切な処置方法がわからない場合、状態の悪化につながる恐れもあるため無理は禁物です。サロンのスタッフだけですべて対応しようとするのでなく、提携している動物病院へ連絡して獣医師の指示に従うようにしましょう。

③はわずかな不注意で起こりやすく、最も困惑する事態です。お客さまにすみやかに連絡するとともに、保健所や警察署への届け出、動物保護団体への連絡などできる限りのことを行いましょう。このためにも、地域の保健所や警察、動物保護団体の連絡先一覧を作成しておくと、緊急時に迅速に対応することができます。

脱走がとくに起こりやすいのは、お散歩中です。犬にとっては、預かり中のストレスなどが原因になることもあるでしょう。脱走を避けるた

④騒音対策

お店の近隣環境によっては、犬の鳴き声による騒音対策も必要になります。吠え続けると犬の体温は上昇するため、うるさいからといって狭いスペースに閉じ込めたり、口輪をしたりしてはいけません。酸欠や熱中症の原因にもなりますから、絶対に止めてください。

鳴き声はほかの動物へのストレスにもなりますので、それなりの広さを確保した個室のような空間に収容できるようにしましょう。

図1 ペットホテルお預かり同意書の例

ペットホテル預かり同意書

　　　　　　　　　　　　　　　　　　　　　　　　　　　年　　月　　日

私（飼育管理者または代理人、並びに家族）は、私所有の下記動物（以下動物という）を貴店（トリミングサロン●●●●をさす）へ、ペットホテルとして預かりを依頼致します。貴店において、ペットホテル預けにつき、下記事項を遵守し、誓約します。

　　　　　　　　　　　　　　　記

1) 次の事由に起因する動物の損傷・死亡・逃亡などについて、損害賠償・補償など一切の請求はしません。
   a. 動物の特異体質
   b. 天変地異・不慮の事故
   c. 通常要する注意義務の限度を超えた不測の事態
   d. その他の不可抗力により貴店の責に帰さない事由
2) ペットホテル中に次の事由が発生した場合は、貴店提携の動物病院にて対応を依頼致します。（その費用は別途支払い負担いたします。）
   a. 預かり中に、怪我および疾病が発見されたとき
   b. その他不測の事態が発生したとき
3) 貴店への動物の預かり・引き取り時間、管理方法などの事項は、貴店指示を遵守します。
   　　am 10:00 ～ pm 7:00
   期間の延期、短縮があった場合は、お電話にて上記時間内に必ずご連絡ください。
4) 下記期間が過ぎても私から連絡がなく、また私に連絡が取れない状態のまま1週間放置した場合は、動物の処遇についてすべて貴店に一任します。
   　　　　　　　　　　　　　　　　　　　　　　　　　　　　　　以上

＜お預かり予定期間＞
　　　　年　　月　　日（　　）～　　　　年　　月　　日（　　）am
　　　　　　　　　　　　　　　　　　　　　　　　　　　　　　　　　pm

＜依頼者氏名＞　　　　　　　　　　　　　　　　　　印

＜住所＞

自宅電話）

緊急連絡先）

＜動物の名前および種類＞

めにも、リードや首輪は外れにくいものを選びます。また、ひとりで複数頭の散歩を行うことはなるべく避けて、1頭ずつにするなどの取り組みも考えておきましょう。

④は、何らかの事情で犬を飼えなくなったお客さまが、ホテルに預けたまま引き取りに来ないケースです。この場合、預かりを最後に飼い主さんと連絡が取れなくなり、ホテル代の未払いというトラブルも同時に起こり、サロンとしては大きな損害になりかねません。

この問題を100％防ぐことはできませんが、預かる際に記入してもらう同意書に、引き取り拒否の場合の対応方法などを明記しておくことや、ホテルの料金を前払い制にすることで少しでも引き取り拒否を抑止したいものです。また、飼育放棄と見なし、警察へ通報することも可能です。

売り上げアップ編

スタッフ教育でサロン力をアップ

より良いお店作りに欠かせないのが、魅力あるスタッフの存在。
1人ひとりとしっかりと向き合い、ていねいに育てていきましょう。

教育を通じて対応力をアップさせよう

ある程度サロンのお客さまが増えてくるとスタッフを雇用する機会もあるでしょうし、最初からオープニングスタッフとして複数人で開業することもあると思います。スタッフは戦力であると同時に、想いをともに実現していく仲間でもあります。みんなが同じ想いを持って働くことができれば、より良いお店になっていくでしょう。

そのためにも、スタッフ教育は非常に重要なのですが、日々の業務に追われるばかりになかなか力が注げていないのも現状でしょう。教育は時間がかかるのが前提ですが、日々の積み重ねが重要でもあります。日ごろからコツコツと進めていきましょう。

教育内容は勤務するスタッフの経験や職歴によっても異なりますが、すべての教育の基本となる、学校を卒業したばかりの新人スタッフの教育方法を例に説明していきたいと思います。

教育方法をアップデートしよう

みなさんは、新人のころにどのような教育を受けたでしょうか？ それは、①「先輩に手取り足取り教えてもらった」、②「何も教えてもらえず自分で見よう見まねで覚えていった」など、小さな成功体験、③結果のフィードバックの3つです。それぞれ順に解説していきます。

教える側の多くは「自身が教えてもらった方法」で新人教育を行う傾向にあるようです。

そのため、「最近の新人は成長意欲がない」など、自分自身が新人だったころと比較してギャップを感じしてしまう人が多いのです。新人を見て「自分のころはこうだったのに」と感じることもよくあるのではないでしょうか。ですから、まずは教育方法をアップデートするところから始めて、それから具体的に教育について考えていきましょう。

教育方法のポイントは3つあります。①ビジュアル化、②小さな成功体験、③結果のフィードバックの3つです。それぞれ順に解説していきます。

①ビジュアル化

ビジュアル化の代表例は、マニュアル作成です。当たり前のようにマニュアルで、今の新人スタッフを戦力化するのに欠かせなくなっています。しかし、文章をベースとしたマニュアルではなかなか効果が出なくなってきました。そこで重要なのが、写真や動画をベースにした、まさに「ビジュアル」で伝える内容にしていくということです。

たとえば掃除についてのマニュアルで、「犬舎をキレイに掃除する」という項目を作るとしましょう。ここで問題になるのが、「どのような状態がこのお店の『キレイ』なのか」という基準が、人によって異なることです。教える側は「毛の1本も

売り上げアップ編

図1 教育チェックリスト

名前：

《動物の扱い方》	自己チェック	指導者チェック
項目		
犬の保定		
高齢犬の保定		
散歩の仕方		
給餌の仕方		

《店舗管理》	自己チェック	指導者チェック
項目		
開店準備		
閉店後の片付け		
来店予定のカルテの準備		
ケージの消毒・掃除		
トリミングテーブルの消毒・掃除・片付け		
トイレ掃除		
シンク（流し）の掃除		
ドライヤーの掃除		
洗濯物の仕方		
ゴミの回収		

《受付全般》	自己チェック	指導者チェック
項目		
お客さまへの挨拶		
お客さまへの質問の受け答え		
レジの仕方		
未入金・不足のお客さまへの対応		
返金方法		
フード販売後の対応		
トリミングの受付		
電話対応		
レジの訂正の仕方		

《カルテシステム関連》	自己チェック	指導者チェック
項目		
明細の出し方		
新規の登録方法		
2頭目以降の追加方法		
住所変更の仕方		
亡くなった犬の登録方法		

《在庫管理》	自己チェック	指導者チェック
項目		
商品在庫の確認		
商品の発注（バーコード）		
商品の発注（電話）		
商品の発注（FAX）		
商品の受け取り・確認		

《DM管理関連》	自己チェック	指導者チェック
項目		
お礼状（初回）		
お礼状（2回目）		
お礼状（3回目以降）		
紹介お礼状		
バースデーDM		

い状態」が「キレイと感じるのに対し、新人スタッフは「ぱっと見て物が片付いている状態」が「キレイと感じる」かもしれません。このほかにも、感覚の違いは多々あることでしょう。こういった感覚の違いを乗り越えて教育をスムーズに行うためにも、写真や映像などを用いて言葉では表現しにくいニュアンスを伝えていくことが必要になるのです。

図1は新人スタッフの教育チェックリストの一例です。このリストでは、「動物の扱い方」「受付全般」など分野ごとに業務を細分化して記載しています。教育者が教えたらチェック、本人ができるようになったと感じたらチェックというように、相互チェックを入れながら使用します。

このチェックリストのメリットは、できるようになった項目のチェックが日々増えていくことにあります。小さなことでもチェックリストに含めておくと、できる項目が1日に1つは増えていくはずです。発展形として、入社後1カ月目までに、3カ月目までにできるようになる目安期間を示しておくと、さらに良いものになるでしょう。こういった小さな積み重ねを行うことで成長を実感させていくことが必要です。

③ **結果のフィードバック**

チェックリストなどで基礎的な仕事ができるようになると、次は本人ができる短期目標の達成感を積み重ねていくほうが、モチベーションを高く維持できるようです。

② **小さな成功体験**

最近の傾向として「将来は自分のお店を持ちたい」とか「早く1人前になりたい」といった将来的な目標を持った新人スタッフは減りつつあるようです。そのため、目標を設定し、達成に向けて努力していくことをスタッフ自身が自発的に行うよう求めるのは難しくなったといえるでしょう。

そういった新人スタッフには、教育者側が目標を設定し、達成感を持たせてあげることが必要になっています。目標には「1年後」「3年後」などの「長期目標」と「1カ月後」「3カ月後」といった短期目標との2つがありますが、比較的すぐに達

の目標やお店の方針に沿った成長を求めていく段階になります。ここでは本人の目標設定と達成度合いを互いに確認することが重要になります。目標設定は目標を立てることが目的ではなく、達成することが目的です。しかし、目標の達成度合いを振り返ることは少ないようです。

そのため、本人とともに目標設定の進捗合いを確認したり、達成に向けた具体的な取り組みを一緒に考える必要があります。目標の内容にもよりますが、3カ月〜半年のペースで、面談などを通じて達成度合いをフィードバックすると良いでしょう。

対応力を身に着ける

若いスタッフが多い場合は、言葉遣いなどを自分の常識で対応してしまうことがよくあります。来店するお客さまにはさまざまな年代や性別の人がいるはずです。自分たちの常識ではなく、「相手がどう感じるか?」というお客さま目線を持って考えることが重要です。

どんなに高い技術力を持っていても、対応が悪いお店にお客さまは集まりません。なぜなら、気持ち良くサービスを受けたいからです。お客さまに愛されるお店を作るために、「対応力」を重点的に教育していきましょう。

対応力には、①不快感をなくすための対応力、②満足度を高めるための対応力、③不満を解消するための対応力の3つがあります。①はお客さまと接する際の基本的なマナー、②はこのお店にまた来てみたいと思っていただけるような対応、③はクレームなどへの対応となります。まずは基本となる①と③の内容から見ていきましょう(※②の満足度を高めるための対応力は140ページで紹介します)。

①不快感をなくすための対応力

不快感をなくすための対応力には、A服装・身だしなみ、B立ち振る舞い、C表情、D言葉使い、E電話対応の5つがあります。A〜Cは目で見て感じる項目、DとEは耳で聞いて感じる項目となります。人は第一印象をどのような要素で決めるのでしょうか? 有名な調査結果に「メラビアンの法則」という

ものがあります。この法則では、人は第一印象の多くを「目で見て感じる要素」で決めやすいとされています。A〜Eすべてを一度に身に着けることは難しいかもしれませんから、まずはA〜Cの、目で見て感じる項目から取り組むと良いでしょう。それでは、各項目での注意点を説明します。

A‥服装・身だしなみ

最も気を配りたいのが「汚れ」です。トリミング中はとくに、衣服に毛や水滴、排泄物などが付いてしまうことが多くあります。とくに毛は周囲に不快な印象を与えることが多いようです。お客さまに接する前に汚れを払うよう心がけましょう。

B‥立ち居振る舞い

立ち居振る舞いには、日ごろのくせがそのまま出やすいと言えます。お客さまからつねに見られているという意識で対応しましょう。とくに、お金や記入してもらった書類、リードなどを預かる際や、反対に明細書や商品などをお渡しする際には、両手で受け取り、お渡しができるとともに、ていねいな印象を持ってもらえるでしょう。ひと言を添えるだけで相手

C‥表情

人と接するときは、話している言葉よりも表情のほうが相手に与える印象が強いそうです。接客は笑顔での対応を心がけましょう。またトリミング中は毛が舞うため、マスクをすることも多いと思います。表情は目元よりも口元でその印象が伝わりますから、マスクをした状態での接客は相手に自分の表情を見せないことになってしまいます。よほどの理由がない限りは、マスクを外しての対応を心がけましょう。

D‥言葉使い

正しい敬語を使えるようになりたいものです。敬語には尊敬語と謙譲語などがあります、混同して使用している人をよく見かけます。敬語は意識して使うことで身に着けることができます。また、「申し訳ありませんが」というような「クッション言葉」も重要で、上手に使えばよりていねいな印象を持ってもらえるでしょう。

への配慮を表すことができますから、効果的に使用してほしいものです。

E‥電話対応

電話でトリミングの予約を受けることも多いと思います。電話は互いの顔が見えないので、面と向かってのコミュニケーションよりも対応が難しいもの。自分が思っている声よりも低く相手に聞こえてしまったりも、ふだんよりも早口や小声になってしまう人もいると思います。声と表情は連動しますから、顔が見えなくても電話口では笑顔でお話しするようにしましょう。さまざまな年齢のお客さまがいるでしょうから、相手に合わせて話すスピードや声の大きさを配慮することも大事です。

＊

このように、当たり前に思うことでも、意外とできていないこともあるのではないでしょうか。「自分はできているから大丈夫」ではなく、「すべてはお客さまのために」という視点で、スタッフ同士でできているかを確認し合うことが大事です。

携帯メールのメーリングリストやLINEのような無料通信アプリなどを使用して、全スタッフにクレームの内容をすぐに伝えられる仕組みを作っているところもあります。

最後に、クレーム内容を蓄積して、スタッフ教育に役立てましょう。ペットサロンでは「ケガをさせてしまった」「お迎え時間に間に合わなかった」「希望通りのカットになっていない」など、同じような内容のクレームが起こりやすいはずです。クレームを蓄積しておくと、同じようなクレームを過去にどのように対応したかを知ることができます。

クレームを蓄積する際は、図2のような共通のシートを使用して、情報の抜け漏れがないようにしましょう。ロールプレイングや、判断するときの参考資料としても使用することができます。クレームが発生することは嫌な思いをすることも多いと思いますが、同じことが繰り返し起きないように、しっかりと向き合っていきましょう。

③ 不満を解消するための対応力

最後に、クレームなどへの対応についてお伝えします。どんなに気を付けていても、クレームが発生してしまうことがあります。クレームはお叱りの言葉でもありますが、自店への期待の裏返しとも言えるので、クレームから逃げることなく、真正面から誠意を持って対応することで、満足度が向上するということもあるのです。

クレーム対応の基本は、まず相手の話を聞くことです。お客さまが話している途中で言葉を遮ることなく、しっかりと聞く姿勢を心がけましょう。初めは興奮気味でも、お話を伺っているうちに落ち着いてくるということもあります。

次に必要なのは、クレーム内容をスタッフ全員に周知し、お店全体の問題として扱うことです。クレームを受けた当事者だけではなく、全員できましょう。

図2 クレーム対応シート

クレーム対応シート

氏名	担当者名
住所	電話番号
発生日　年　月　日　時　分ころ	
クレーム内容	

発生状況

状況
原因

担当スタッフ

処理状況

対応日時　年　月　日　時　分ころ
処理内容

備考

| 担当者 | 店長 |

売り上げアップ編

カウンセリングの重要性

"愛されサロン"のカギとなるのが「カウンセリング」。
お客さまの心をつかみ、実践に生かしましょう。

カウンセリングで対応力をアップさせよう

「スタッフ教育でサロン力をアップ」（136ページ〜）のなかで、接客における対応力には3つあると説明しました。カウンセリングはそのなかでも「②満足度を高めるための対応力」に当たります。そもそもカウンセリングとはどのようなものなのでしょうか。

サロンのカウンセリングとは、①お客さまの抱えている悩みや問題を把握し、②問題の解消につながるようなサービスを提案して、③長期にわたってサポートを続けていくことだと考えます。

つまり、①問題の把握、②メニューの提案、③サポートこそ、カウンセリングの大きなポイントとなります。まずはカウンセリングの基本的な流れを見ていきましょう。

カウンセリングの基本的な流れとは

実際のカウンセリングは、どのように行うものなのでしょうか。順を追って解説していきます。

①「見える情報」から予測する

犬の現状のカットスタイルや、毛質、皮膚の状態などの情報、どのようにしてほしいだけ」のお客さまかもしれませんし、「お散歩友だちにも負けないくらいにかわいくしたい」というお客さまなのかもしれないから現状を把握し、お客さまの好みや傾向を察知しましょう。この段階で、察知した情報をもとに、お客さまに対してどのような提案をすべきか、の目的を把握できないと、お客さまに適切な提案はできないということです。

②お客さまの要望や悩みを聞く

お客さまの話を聞く際は、単純に言葉を聞くだけではなく、お客さまの目的や願望を推測しながら聞いていくことが大切です。

カットを希望するお客さまがいるとしましょう。そのお客さまは「何のために」カットを希望しているのでしょうか。「単にさっぱりと短くしてほしいだけ」のお客さまかもしれませんし、「お散歩友だちにも負けないくらいにかわいくしたい」というお客さまなのかもしれません。つまり、「カット」は目的を達成するための手段でしかないのです。そのため、希望をそのまま聞くだけのこともと多いと思いますが、それではカウンセリングをする意味がありません。

③解消するためのサービスを提案する

来店時からすでに希望するメニューを決めているお客さまも多いでしょう。そのため、希望をそのまま聞くだけのこともと多いと思いますが、それではカウンセリングをする意味がありません。

カウンセリングを行う目的は、お客さまの今回の目的をかなえるために、自分たちができることを提案することです。もちろん押し売りをするのではありませんが、お客さまに

売り上げアップ編

カウンセリングを
さらに上手に行うために

次に、カウンセリングをさらに上手に行うためのポイントを紹介していきます。

①自分を開示する

カウンセリングは、お客さまの悩みなどの情報を集めることから始まります。しかし、初めて会う人に自分の悩みや要望をすぐに話せる人は多くないでしょう。大抵の人が、相手を見ながら要望を少しずつ話していきたいという心理があります。

このように、人は自分と共通しているものを持った人に心を開きやすく、「自分が話すことを真剣に聞いてくれている」と感じてもらえる効果も期待できます。

お店のスタッフ全員が同じようにカウンセリングできるように、質問項目などをまとめたカウンセリングシートを活用してもよいでしょう。142ページの図1は、カウンセリングシートに盛り込みたい内容をまとめたものです。参考にしてみてください。

②お客さまの情報を集約する

お客さまに繰り返し来店してもらうためにも、カウンセリングを通じて取得したお客さまの情報は、スタッフ全員で共有できるように集約していきましょう。

また、お客さまの話を聞くときはできるだけその内容をメモに取ることを心がけることが肝心です。話を聞くときにメモを取るのは失礼と感じるかもしれませんが、人はすべて

何か共通の話題が生まれるかもしれません。メモを取ることで、お客さまの情報を記憶することができ、お客さまに「自分が話すことを真剣に聞いてくれている」と感じてもらえる効果も期待できます。

お店のスタッフ全員が同じようにカウンセリングできるように、受付周りなど目につきやすい場所に掲示しておくことで、より目に留まりやすくなります。

相手の情報を引き出すためには、まずカウンセリングを行う自分自身のことを相手に知ってもらうことから始めていくことをお勧めします。

まずは、名刺などを活用しましょう。この場合の名刺には、自分の名前とお店の情報だけではなく、自分の趣味や出身地、飼っているペットの紹介文などの「自分に関する情報」が書いてあるほうがより親近感が湧くでしょう。その名刺に書いてある情報をきっかけに、お客さまと

④その他の事項の確認をする

最後に、必要事項の確認を行いましょう。お迎えの時間やご注文の内容、料金、お預かりの注意点などを確認していきます。

ば、しっかりと提案してあげることこそお客さまのためになり、喜ばれるはずです。お客さまはトリマーさんならではの意見を期待しているのですから、自信を持って提案しましょう。

とって良い方法がほかにあるなら

の個性が伝わるプロフィールは、受付周りなど目につきやすい場所に掲示したり、ホームページにも掲載しておくことで、より目に留まりやすくなります。

お客さまのすべてを聞き出そうとするのではなく、少しずつゆっくりと、ていねいに関係性を築いていてくようにしましょう。

*

お客さまの希望に応えていくことができれば、お店への信頼度も上がるだけでなく、みなさんの仕事へのやりがいももっと上がるのではないでしょうか。このように、カウンセリングを上手に行うことは、お店とお客さまそれぞれが幸せになることでもあるのです。

図1 カウンセリングシートに盛り込みたい内容

1.基本情報	●今回の希望内容	何を「目的」としているのかを確認しましょう。
	●他店での状況	新規客であれば、他店で受けていたサービスの内容や、不満だった点などを確認しましょう。あらかじめ不満な点を把握できれば、満足度を高める工夫をすることができるでしょう。
	●前回からの経過	再来客（常連客）であれば、前回の感想や状況などを確認します。前回の提案でお客様の要望に応えられていれば継続、少し課題が残っていれば、新たな提案を行いましょう。
2.動物の情報	●個体情報 （年齢、毛質、体調、皮膚の状態、持病の有無、喜ぶことや嫌がること）	動物の状態によってシャンプー剤や入浴時間、バブルバスなどのオプション・メニューの有無など、提案できる内容が大きく異なります。この部分を細かく聞いていくことで、より個々に応じた細やかな提案をすることができるでしょう。
	●生活スタイル （お散歩の頻度、ふだんの過ごし方など）	室内飼いなのか、お散歩の時間はどれくらいでどんなコースなのかなど、環境の影響を確認します。外で過ごすことが多い犬であれば、冬は乾燥、夏は日差しの影響など、季節によってのケア方法なども提案することができるでしょう。
3.お客さまの情報	●ライフスタイル （家族構成、動物との過ごし方など）	動物と一緒に寝る、一緒に旅行に出かけるなど、お客さまと動物のライフスタイルがわかれば、皮膚トラブルや臭い対策、フードやグッズなどの物販の提案もできるでしょう。

ペットサロン開業・経営お役立ち情報

行政窓口、民間資格の問い合わせ先、トリミング・スクールの問い合わせ先一覧です。

◆ペット栄養管理士
…ペット栄養学のスペシャリストとして健康維持向上を手助けする。
ペット栄養管理士認定委員会
☎03-5386-7255
http://www.jspan.net/nintei/

◆ペットケア管理士
…ペットの種類や特性、健康管理、しつけ、動物愛護法などを幅広く身に付ける。
㈱日本ペットシッターサービス
0120-12-3939
http://www.pet-ss.com

◆ペットシッター士
…旅行・仕事など飼い主さんの留守中にペットの世話を受け持つ。
日本ペットシッター協会
☎03-5971-2211
http://www.pet2211.com/

◆ペット販売士
…お客さまのさまざまな疑問に答えられることを目指す。
ペット繁殖指導員
…ブリーディングに興味がある人向け。繁殖実務と子犬流通を総合的に学習。
東京ペットビジネス学院
☎03-5250-0830
http://www.petschool.jp/

◆ペットマッサージ・セラピスト
…細かい症状に合わせたマッサージ技術で、ペットの健康を促進。
日本ペットマッサージ協会
☎03-3258-8235
http://www.j-pma.com

◆ペットロス・カウンセラー
…ペットロスの正しい知識を修得し、終末期を迎えるペットの飼い主や、失った人々への支援を補助。
日本ペットロス協会
☎044-966-0445
http://www5d.biglobe.ne.jp/~petloss/

◆ホリスティックケアカウンセラー
…ペットの自然治癒力を高めるケアサポートのスペシャリスト。
㈱カラーズ HCC養成講座事務局
0120-06-1270
http://www.hcced.jp

◆家庭犬しつけインストラクター
…専門的な知識や技術を身に付けて、飼い主にしつけ方を指導。
(公社)日本動物病院福祉協会(JAHA)
☎03-3235-3251
http://www.jaha.or.jp

◆家庭動物販売士
…幅広い知識や技術を持った上で、「命ある動物」を販売するための資格。
(一社)全国ペット協会
☎03-6206-9684
http://www.zpk.or.jp/

◆小動物健康管理士
…ペットに対する東洋医学療法の専門知識を備えて、免疫力や自然治癒力の向上に役立てる。
協同組合ペットサービスグループ(PSG)
☎06-4305-5200
http://www.cosmopetschool.co.jp

◆ドッグアドバイザー
…しつけ・健康。病気予防に関するアドバイスを行い、犬との過ごしやすい環境を作り上げる。
Pet&iスクール
0120-110-839
http://www.petischl.com/

◆ドッグアロマセラピスト
…アロマの基礎から調香、クリーム作り、マッサージの実務を習得。
㈲エーピーシー
☎048-465-6990
http://www.apc-aroma.net/

◆ドッグセラピスト
…マッサージ、アロマ、行動学、心理学、ターミナルケアを学んで「癒しのプロ」に。
日本リフレクソロジー協会
0120-527-227
http://www.raja.co.jp/

◆ドッグライフカウンセラー
…犬の快適な暮らしを、お客さまに適切にアドバイスする。
NPO法人社会動物環境整備協会
☎03-5712-3844
http://www.sesj.org

◆ペットアロマ検定
…アロマテラピーの実践や理論、しつけ、マナー、主な疾患などを学ぶ。
NPO法人日本ペットアロマテラピー協会
☎03-3917-3431
http://jpaa-npo.jp/

必要な手続きをチェック
行政／問い合わせ先

◆融資について
日本政策金融公庫
事業資金相談ダイヤル 0120-154-505
(月曜~金曜 9:00~19:00 祝日休)
全国の支店でも相談を受付中。
http://www.jfc.go.jp

◆動物愛護管理法について
環境省
http://www.env.go.jp/nature/dobutsu/aigo/
詳しくは、所在地を管轄する都道府県・政令市などの動物愛護管理担当局まで。

◆税務について
国税庁
☎03-3581-4161(代表)
http://www.nta.go.jp

◆法人登記
法務局
☎03-3580-4111(代表)
http://houmukyoku.moj.go.jp/homu/static/

トリマー＋αに!
資格／問い合わせ先

◆愛玩動物飼養管理士
…動物の法令、保健衛生、しつけを学び、人と動物の共存に重要な役割を果たす。
(公社)日本愛玩動物協会
☎03-5357-7725
http://www.jpc.or.jp

◆愛護動物法務管理士
…動物関連の法律を習得して、法的トラブルを未然に回避。
日本愛護動物法務管理士会
http://www.nihon-aigodoubutu-houmukanri.jp

◆アニマルアロマセラピスト
…植物の力を安全に利用し、ペットの飼育にじょうずに生かす。
日本アニマルアロマセラピー協会
☎047-438-4624
http://www.animalaromatherapy.jp/

トリマーとしてのスキルをみがく!

動物関連の教育機関一覧

■北海道

学校法人経専学園
経専北海道どうぶつ専門学校
北海道札幌市南区澄川3条6丁目
☎0120-616-162
http://www.keisen-doubutsu.com/

学校法人高橋学園 エス・ワン動物専門学校
北海道札幌市中央区北1条西19-2-7
☎0120-562-124
http://www.s-1gs.co.jp/

学校法人安達学園 札幌スクールオブビジネス
北海道札幌市中央区大通西9-3-12
☎0120-874-340
http://www.ssb.ac.jp/wp_pet

学校法人産業技術学園
北海道エコ・動物自然専門学校
北海道恵庭市恵み野西5-10-4
☎0120-36-8219
http://eco.hht.ac.jp/

JKC 学校法人工藤学園
愛犬美容看護専門学校
北海道札幌市中央区南9条西7-1-31
☎011-512-7744
http://www.h-aiken.com/

ジャパンペットスクール
北海道札幌市中央区南11条西14丁目
☎011-532-1200
http://www.japanpetschool.com/

学校法人吉田学園
吉田学園動物看護専門学校
北海道札幌市東区北16条東5-4-7
☎0120-607-033
http://www.yoshida-doubutsu.jp/

■青森県

青森愛犬美容専門学院
青森県青森市長島2-18-16
☎017-723-6771
http://plaza.rakuten.co.jp/aacaomori/

■岩手県

盛岡ペットワールド専門学校
岩手県盛岡市盛岡市駅前通10-16
☎0120-152-572
http://www.wanco.ac.jp/

■秋田県

アキタインターナショナルペットスクール
秋田県由利本荘市花畑町4-11
☎0184-22-6663
http://skatt.jp/

学校法人伊藤学園
秋田情報ビジネス専門学校
秋田県秋田市中通四丁目3-11
☎0120-79-5033
http://www.ito-gakuen.ac.jp/

■宮城県

学校法人菅原学園 仙台総合ペット専門学校
宮城県仙台市青葉区本町2-11-10
☎0120-329-080
http://www.sugawara.ac.jp/pet/

学校法人日本環境科学学院
専門学校アニマルインターカレッジ
宮城県仙台市青葉区一番町2-2-3
日本環境科学学院ビル1F
☎0120-312-482
http://www.jesi.ac.jp/

学校法人仙都学園
専門学校東北動物看護学院
宮城県仙台市泉区高玉町8-8
☎0120-372-660
http://www.doubutsu-kango.com/

JKC 学校法人孔明学園 東北愛犬専門学院
宮城県仙台市宮城野区榴岡5-12-10
☎022-792-3433
http://www.t-aiken.com/

学校法人滋慶文化学園
仙台コミュニケーションアート専門学校
宮城県仙台市若林区新寺2丁目1-11
☎0120-482-132
http://www.sendai-com.ac.jp/

CL愛犬美容学院 本校
宮城県仙台市太白区砂押南町5-3
☎022-302-3202
http://www.aiken.bz/

■山形県

日本アルカディアペット美容学院 山形校
山形県山形市明神前20-13
☎023-647-5266

CL愛犬美容学院 山形校
山形県山形市木の実町5-15
☎023-633-0070
http://www.aiken.bz/

■福島県

国際アート&デザイン専門学校
福島県郡山市方八町2-4-1
☎024-956-0040
http://www.art-design.ac.jp/

CL愛犬美容学院 福島校
福島県郡山市若葉町19-13
☎024-983-8870
http://www.aiken.bz/

■茨城県

いばらき動物専門学院
茨城県土浦市小松3-3-8
☎0120-1810-86
http://www.iasc.ac/

学校法人つくば文化学園
つくば国際ペット専門学校
茨城県つくば市沼田578
☎0120-816-298
http://www.tip.ac.jp/

グリーンヒル グルーミングスクール
茨城県水戸市千波町1286-9
☎029-244-7145
http://www.greenhill-grooming.co.jp/

学校法人佐山学園 アジア動物専門学校
茨城県石岡市貝地2-8-38
☎0120-380-598
http://www.aaa.ac.jp/

■群馬県

学校法人MGL学園 高崎動物専門学校
群馬県高崎市岩押町5-4
☎027-321-0411
http://www.mgl.ac.jp/takasaki/

高崎ペットワールド専門学校
群馬県高崎市双葉町2-8
☎0120-151-281
http://www.chuo.ac.jp/tpc/

JKC 学校法人HAC国際学園
群馬動物専門学校
群馬県前橋市元総社町108
☎027-252-3330
http://www.worlddog.co.jp/

JKC アートグルーミング・スクール
群馬県伊勢崎市富塚町269-7
☎0270-32-0666
http://www.toyomasa.com/

学校法人MGL学園 太田動物専門学校
群馬県太田市台之郷町1060-1
☎027-321-0411
http://www.mgl.ac.jp/oota

群馬愛犬美容学院
群馬県前橋市荒口町561-25
☎027-268-4588
http://mall.m-minsho.net/trimmer.html

■栃木県

宇都宮愛犬美容学園
栃木県宇都宮市富士見が丘1-22-8
☎028-625-2323
http://www.aikenbiyougakuen.com/

学校法人TBC学院 国際ペット総合専門学校
栃木県宇都宮市二荒町6-6
☎028-614-2336
http://www.fashionpet.ac.jp/pet/

■埼玉県

学校法人シモゾノ学園
大宮国際動物専門学校
埼玉県さいたま市大宮区桜木町2-289-2
☎048-648-8400
http://omiya.iac.ac.jp/

関東動物専門学校
埼玉県川口市戸塚4丁目26-5
☎048-294-4330
http://kanimal.web.fc2.com/

学校法人タイケン学園
日本ペット&アニマル専門学校
東京都板橋区赤塚新町3-17-17
☎0120-37-49-45
http://www.petandanimal.jp/

[JKC]セピア動物専門学院
東京都武蔵野市吉祥寺本町2-23-7
☎0422-22-1212
http://www.sepia-pet.com/

カコトリミングスクール
東京都町田市原町田5-4-15
☎0120-38-0606
http://www.kako-net.com/

■神奈川県

自由が丘アカデミア
神奈川県川崎市中原区上丸子山王町
2-1208-2
☎044-272-1688
http://www.academia.gr.jp/

日本ペットスクール 川崎校
神奈川県川崎市宮前区野川3214-17
☎044-741-1612
http://www.jk-trimming.com/

[JKC]横浜トリミングスクール
神奈川県横浜市港北区新横浜2-17-1
☎045-472-1126
http://www.yokohama-trimming.com/

横浜愛犬高等美容学園
神奈川県横浜市中区宮川町3-91
http://www.y-aiken.co.jp/
☎045-241-8207

青山ケンネルスクール 横浜校
神奈川県横浜市戸塚区矢部74
☎045-865-0066
http://www.kennel.jp/kennelschool/

KPSトリミングスクール小田原校
神奈川県小田原市南鴨宮3丁目15-1
☎0120-054-627
http://www.pet-bunka.com/

■新潟県

学校法人国際総合学園
国際ペットワールド専門学校
新潟県新潟市笹口12-13-4
☎0800-111-0075
http://wan-c.jp/

平成トリミングスクール
新潟市秋葉区古田2-1-8
☎0250-22-1176
http://heitri.com

日本ペット美容マイスター学院
新潟県燕市井土巻5丁目145
☎0120-57-1171
http://www.jpbms.com/

学校法人立志舎 専門学校日本動物21
東京都墨田区錦糸一丁目11番10号
☎03-3624-7885
http://www.nihondoubutsu21.ac.jp/

学校法人滋慶学園
東京コミュニケーションアート専門学校
東京都江戸川区中葛西5-13-4
☎0120-545-556
http://www.tca.ac.jp/eco/

東京ドッグカレッジ
東京都大田区矢口1-14-2
☎03-5732-1666
http://www.tokyo-dogcollege.com/

[JKC]SJDドッググルーミングスクール 渋谷校
東京都渋谷区渋谷3-10-15
☎03-3486-0395
http://www.sjd.co.jp/school/

青山ケンネルスクール 渋谷校
東京都渋谷区渋谷3丁目28-7
☎03-3486-1717
http://www.kennel.jp/kennelschool/

学校法人安達文化学園
専門学校ビジョナリーアーツ東京校
東京都渋谷区桜丘町23番18号
☎0120-895-123
http://www.va-t.ac.jp/

学校法人ヤマザキ学園
ヤマザキ動物専門学校
東京都渋谷区松濤2-16-5
☎0120-562-512
http://senmon.yamazaki.ac.jp/

学校法人安達学園 東京スクール・オブ・ビジネス
東京都渋谷区代々木1-56
☎0120-65-6006
http://pet.tsb-yyg.ac.jp/

青山ケンネルカレッジ
東京都渋谷区恵比寿南 3-2-19
☎03-3719-3906
http://college.aoyamakennel.com/

学校法人シモゾノ学園 国際動物専門学校
東京都世田谷区上馬4-3-2
☎03-5430-4400
http://tokyo.iac.ac.jp/

[JKC]学校法人東京愛犬学園
東京愛犬専門学校
東京都中野区上高田1-1-1
☎03-3366-2322
http://www.aiken.ac.jp/

学校法人立志舎 日本動物専門学校
東京都杉並区高円寺南四丁目6番8号
☎03-5306-3211
http://www.nihondoubutsu.ac.jp/

[JKC]メジログルーミングスクール
東京都豊島区目白3-2-9
☎03-3952-7269
http://www.mejiguru.co.jp/

[JKC]SJDドッググルーミングスクール さいたま校
埼玉県さいたま市中央区本町東1-2-1
☎03-3486-0395
http://www.sjd.co.jp/school/saitama.html

坂戸愛犬美容学園
埼玉県坂戸市田の出町5-2
☎049-282-5540
http://sakadoaiken.web.fc2.com/

[JKC]ジャパングルーミングスクールワン
埼玉県川口市飯塚2丁目14-4
☎048-257-3211
http://japangrooming.co.jp/

■千葉県

学校法人中村学園
専門学校ちば愛犬動物フラワー学園
千葉県千葉市中央区新宿2-14-3
☎0120-760-129
http://www.aik.ac.jp/

[JKC]クラウン・グルーミング・スクール
千葉県千葉市弁天町2-20-37
丸長不動産ビル2F
☎043-287-2955
http://www.crown-grooming.com/

モンブラントリミングスクール
千葉県市川市市川南1-5-18
☎047-326-2975
http://www.monblan.jp/

[JKC]千葉グルーミングスクール
千葉県習志野市谷津4-8-48　広瀬ビル3F
☎047-409-8834
http://www.hirose-pet.com/gs/

学校法人川原学園 東京動物専門学校
千葉県八千代市大和田新田1093-8
☎0120-01-0520
https://www.tokyowildlife.ac.jp

[JKC]スカイグルーミングスクール
千葉県柏市北柏1-10-4
☎04-7166-6639
http://www.sky-grooming.co.jp/

CL愛犬美容学院 東京東校
千葉県市川市大和田2丁目15-13
☎047-374-3321
http://www.aiken.bz/

■東京都

学校法人中央工学校 中央動物専門学校
東京都北区東田端一丁目8番11号
☎0120-19-1311
http://www.chuo-a.ac.jp/

ヴィヴィッドグルーミングスクール
東京都北区志茂2-35-13
☎03-3901-7971
http://www.vivid-gs.com/

[JKC]国際ドッグビュースクール
東京都足立区千住旭町11-2
☎03-3879-3711
http://www.kokusai-dog.com/

IPCペットカレッジ 名古屋本部校
愛知県弥富市五明町内川平465-1
☎0567-66-0455
http://www.ipc-pet.com/

■三重県

日本ペット文化学院 鈴鹿校
三重県鈴鹿市白子駅前43-5
☎059-380-6125
http://j-pet-bunka.com/

日本ペット文化学院 本部四日市校
三重県四日市市日永3-1148-1
☎059-348-7705
http://j-pet-bunka.com/

日本ペット文化学院 津本校
三重県津市新町1-9-23
☎059-222-1318
http://j-pet-bunka.com/

日本ペット文化学院 松坂校
三重県松阪市大黒田町押方564-2
☎0598-25-3456
http://j-pet-bunka.com/

日本ペット文化学院 伊勢校
三重県伊勢市宮後1-1-14
☎0596-20-9525
http://j-pet-bunka.com/

■滋賀県

日本ペット文化学院 滋賀大津校
滋賀県大津市御陵町5-9
☎077-510-0271
http://j-pet-bunka.com/

■京都府

学校法人京都中央学院
YIC京都ペット総合専門学校
京都府京都市下京区油小路通塩下西油小路町27番地
0120-72-4044
http://www.yic-kyoto.ac.jp/pet/

京都動物専門学校
京都府京都市伏見区桃山福島太夫西町6番地
☎075-603-0518
http://kyoto-dobutsu.mkg.ac.jp/

■大阪府

学校法人立志舎 大阪動物専門学校
大阪府大阪市福島区福島6-9-21
☎06-6454-1011
http://www.osaka-doubutsu.ac.jp/

学校法人大阪安達学園
大阪ビジネスカレッジ専門学校
大阪府大阪市北区堂島浜1-1-7
0120-79-2299
http://www.obc.ac.jp/

P.S.Sアカデミー
大阪府大阪市北区同心1丁目7-27
トップ本社ビル2F
☎06-6357-4010
http://www.pssacademy.com/

IPCペットカレッジ 浜松校
静岡県浜松市中区上島6-25-9
☎053-412-0675
http://www.ipc-pet.com/

■愛知県

JKC 名古屋ロイヤルグルーミング学院
愛知県名古屋市千種区松軒2-13-16
☎052-723-0627
http://www.royal-nagoya.jp/

学校法人利幸学園
中部コンピュータ・パティシエ・保育専門学校
愛知県豊橋市花園町75番地
☎0532-52-2000
http://www.rkg.ac.jp/

学校法人IPC学園　愛知ペット専門学校
愛知県岡崎市羽根町鰻池246-1
0120-884-886
http://www.ipc.ac.jp/

IPCペットカレッジ 岡崎本部校
愛知県岡崎市羽根町鰻池242
☎0564-53-7849
http://www.ipc-pet.com/

学校法人秋田学園専門学校
セントラルトリミングアカデミー
愛知県名古屋市中村区則武2-9-12
☎052-451-8477
http://www.akitagakuen.ac.jp/

学校法人立志舎 名古屋動物専門学校
愛知県名古屋市中村区椿町14-8
☎052-452-1411
http://www.nagoya-doubutsu.ac.jp/

学校法人名古屋安達学園
専門学校 名古屋スクール・オブ・ビジネス
愛知県名古屋市中区栄5-11-29
名古屋観光専門学校内7階
0120-7575-68
http://www.nsb.ac.jp/

学校法人滋慶コミュニケーションアート
名古屋コミュニケーションアート専門学校
愛知県名古屋市中区栄3-21-6
0120-532-758
http://www.nca.ac.jp/

名古屋動物看護学院
愛知県名古屋市中区大須4-12-21
☎052-264-9382
http://www.nagoyaaht.com/

日本ペット文化学院 名古屋校
愛知県名古屋市守山区小幡中2-22-12
☎052-758-1107
http://j-pet-bunka.com/

日本ペット文化総合学園
KPSトリミングスクール 名古屋鶴舞校
愛知県名古屋市昭和区鶴舞4-6-13
グリーンハイツ3F
0120-054-627
http://www.pet-bunka.com/

■富山県

富山国際ペットビジネス学院
富山県富山市布瀬町南2丁目10-8
☎076-411-5605
http://www.tpg.ac/

■福井県

学校法人大原学園
キャリアビジネス&ペット専門学校
福井県福井市御幸1-5-20
☎0776-21-0001
http://www.o-hara.ac.jp/hokuriku/senmon/

学校法人国際ビジネス学院
国際ペット専門学校福井
福井県坂井市丸岡町ソフトパークふくい19番
0120-5931-77
http://pet.kbg.ac.jp/

■石川県

学校法人国際ビジネス学院
国際ペット専門学校金沢
石川県金沢市新保本4丁目65番地16号
0120-5931-13
http://pet.kbg.ac.jp/

■長野県

ワンズ・ドッグカレッジ
長野県東御市和2080-4
☎0268-64-8150
http://www.wans-dogcollege.com/

学校法人未来学舎
専門学校未来ビジネスカレッジ
長野県松本市渚2-8-5
☎0263-26-5500
http://www.mirai.ac.jp/

■静岡県

国際ペットビジネス専門学校 熱海校
静岡県熱海市田原本町9-1
熱海駅前第1ビル
0120-01-3185
http://www.icp-atami.jp/

JKC 静岡グルーミングスクール
静岡県静岡市葵区太田町36
☎054-246-6680
http://www.sizuoka-grooming-school.com/

日本ペット文化総合学園
KPSトリミングスクール 焼津本校
静岡県焼津市栄町3-1-15
0120-054-627
http://www.pet-bunka.com/

JKC ナンバペット美容学院 静岡分院
静岡県島田市御仮屋町8804-4
☎0547-37-4373
http://www.nanba-pet-sz.com/

学校法人爽青会
専門学校ルネサンス・ペット・アカデミー
静岡県浜松市中区北田町134-38
0120-512-521
http://www.rap.ac.jp/

146

■広島県

学校法人穴吹学園 穴吹動物専門学校
広島県福山市東町2-3-6
☎084-931-3325
http://www.anabuki-net.ne.jp/fukuyama/apf/

学校法人英数学館
広島アニマルケア専門学校
広島県広島市中区小町8-33
☎082-546-1195
http://www.animal.ac.jp/

JKC 広島サンシャイン・グルーミングスクール
広島県広島市中区十日市町1-1-11 鷹匠ビル
☎082-231-0349

エンゼルペットアカデミー
広島県広島市南区東荒神町5-13
☎082-264-6545
http://www.pet-academy.com/

学校法人上野学園
広島情報ビジネス専門学校
広島県広島市西区横川町2-10-4
☎082-293-5000
http://www.hjb.ac.jp/

■山口県

学校法人昇陽学院
YICビジネスアート専門学校
山口県山口市小郡黄金町2-24
☎0120-46-0836
http://www.yic.ac.jp/ba/

■徳島県

学校法人野上学園
ブレーメン愛犬クリエイティブ専門学校
徳島県徳島市佐古一番町5-4
☎088-652-5899
http://www.tba.ac.jp/

■香川県

JKC 四国サンシャイン・グルーミングスクール
高松校
香川県高松市松島町2丁目5-14
☎087-837-3844
http://www.shikoku-sunshine.jp/

フェリス愛犬美容専門学院
香川県高松市春日町1337-3
☎087-841-4539
http://feliz-dog.co.jp/

学校法人穴吹学園
専門学校穴吹動物看護カレッジ
香川県高松市塩屋町6-2
☎0120-46-3485
http://www.anabuki-college.net/apk/

■愛媛県

四国サンシャイン・グルーミングスクール 松山校
愛媛県松山市花園町5-4 重松ビル4F
☎089-933-7755
http://www.shikoku-sunshine.jp/

■兵庫県

JKC 神戸ロイヤルグルーミング学院
兵庫県神戸市中央区花隈町32-9
☎078-382-1041
http://www.kobe-royal.co.jp/

イーボック・グルーミングスクール
兵庫県神戸市中央区熊内橋通四丁目2-17
☎078-251-4115
http://www.ebok-g-s.com/

学校法人野上学園
神戸ブレーメン動物専門学校
兵庫県神戸市中央区布引町2-319
☎078-231-0121
http://www.kba.ac.jp/index_schoolguide.html

神戸愛犬美容専門学院 神戸校
兵庫県神戸市垂水区平磯1丁目3-6
☎078-753-8501
http://www.kobe-aiken.com/

学校法人神戸学園 神戸動植物環境専門学校
兵庫県神戸市東灘区向洋町中1-16
☎078-857-3612
http://www.kap.ac.jp/

エコーペットビジネス総合学院
兵庫県尼崎市長洲西通1-3-23
☎0120-859-088
http://www.echopet-gakuin.com/

神戸愛犬美容専門学院 姫路校
兵庫県姫路市飾磨区野田町185番地
愛犬ビル
☎079-283-1911
http://www.kobe-aiken.com/

■奈良県

奈良ペットビジネス学院
奈良県奈良市三条大路1-654-11
☎0742-35-9567

■島根県

学校法人坪内学園
専門学校 松江総合ビジネスカレッジ
島根県松江市東朝日町74
☎0120-270-855
http://www.bijisen.ac.jp/

■岡山県

岡山理科大学専門学校
岡山県岡山市北区半田町8-3
☎086-228-0383
http://www.risen.ac.jp/

学校法人貝畑学園
専門学校 岡山ビジネスカレッジ
岡山県岡山市岩田町3-22
☎0120-606-064
http://www.obcnet.ac.jp/

JKC K-9グルーミングスクール
岡山県岡山市築港新町2-13-6
☎086-264-1113
http://www.k-9dog.co.jp/

ニューワールド動物学園
大阪府大阪市北区同心1丁目7-27
☎06-6357-4090
http://www.topworld.ne.jp/new-worldpet/

JKC ロイヤルグルーミング学院
大阪府大阪市北区中津1-18-15
☎06-6375-1588
http://www.royal-gs.com/

ユニバースグルーミングスクール
大阪府大阪市城東区新喜多1-7-25
☎06-6930-1114
http://www.universe-gs.com/

学校法人宮﨑学園
大阪ペピイ動物看護専門学校
大阪府大阪市東成区中道3-8-11
☎0120-697-125
http://www.peppy.ac.jp/

JKC ナンバペット美容学院
大阪府大阪市中央区千日前2-3-3
☎06-6646-6001
http://www.nanba-pet.com/

コスモ動物総合学園
大阪府大阪市天王寺区寺田町2-4-14
☎06-4305-5200
http://www.cosmopetschool.co.jp/

P.S.Sアカデミー 天王寺校
大阪府大阪市天王寺区寺田町2丁目4-14
☎06-4305-5126
http://www.pssacademy.com/

学校法人立志舎
大阪動物専門学校 天王寺校
大阪府大阪市天王寺区茶臼山町1-15
☎06-6774-4311
http://www.tennoji-doubutsu.ac.jp/

大阪ドッグサイエンス学院
大阪府大阪市西区新町2-11-13B.
N新町ビル5F
☎06-6536-9191
http://www.dog.ac/

学校法人コミュニケーションアート
大阪ECO動物海洋専門学校
大阪府大阪市西区新町1-32-1
☎0120-141-807
http://www.oca.ac.jp/eco/

大阪動植物海洋専門学校
大阪府大阪市大正区三軒家東1-7-3
☎06-6555-0154
http://www.oao.ac.jp/index.htm

学校法人立志舎 大阪動物専門学校
大阪府大阪市福島区福島6-9-21
☎06-6454-1011
http://www.osaka-doubutsu.ac.jp/

関空ペット総合学院
大阪府泉佐野市日根野5586
☎072-468-0218
http://www.pet-school.com/

学校法人原田学園 鹿児島動物専門学校
鹿児島県鹿児島市谷山中央2-4173
☎099-266-0411
http://www.harada-gakuen.ac.jp/animal/

■沖縄県

学校法人KBC学園
沖縄ペットワールド専門学校
沖縄県那覇市東町19-20
☎0120-158-285
http://www.pet.ac.jp/

東京ペットビジネス学院 沖縄校
沖縄県中頭郡北谷町桑江508-14
☎098-936-7669
http://tps-oki.com/

※ JKC ＝（一社）ジャパンケネルクラブ認定のトリマー指定機関、及びトリマー研修機関です。

■長崎県

長崎グルーミングスクール
長崎県大村市溝陸町790
☎050-3767-9426
http://www.pet-pqs.com/school/aiken.htm

■熊本県

九州サンシャイングルーミングスクール 熊本校
熊本県熊本市桜町5-3
交通センター駐車場前
☎096-353-5161
http://www.kyushu-sunshine.com/

九州動物学院
熊本県熊本市中央区本荘6-16-34
☎096-362-0111
http://www.true-blue.jp/

熊本愛犬美容学院
熊本県熊本市四方寄町263-1
☎0120-897-711
http://www.pet-pqs.com/kumamoto/

チルミーハウストリミングスクール
熊本県熊本市北区鶴羽田3丁目13-12
☎096-343-5945
http://www.chirmyhouse.jp/

グローバル・グルーミングスクール
熊本県熊本北区市龍田6丁目5-80
☎096-339-7806
http://www.ggs3.com/

■大分県

大分愛犬美容学院
大分県大分市畑中864-1
☎097-547-1188
http://www.petk9zoo.com/oita_pet_schl.html

インターナショナルグルーミングスクール 大分校
大分県大分市東津留1丁目3-33
チャウビルB棟
☎097-552-3112
http://www.groomingschool.jp/

学校法人工藤学園
JKC 大分ドッググルーミング専門学校
大分県別府市京町1-28
☎0977-23-5539
http://www.oita-dog-grooming.jp/

■宮崎県

MSG大原カレッジリーグ
宮崎ペットワールド専門学校
宮崎県宮崎市老松1-3-5
☎0120-77-0985
http://www.pet-animal.ac.jp/

■鹿児島県

えりかトリミングスクール
鹿児島県鹿児島市鴨池2-3-16
☎099-251-8079
http://www.erika.co.jp/

学校法人河原学園
河原アイペットワールド専門学校
愛媛県松山市南堀端町6-11
☎089-935-8787
http://www.kawahara.ac.jp/ipet/

アミチェ愛犬美容造形学院
愛媛県松山市味酒町3-4-5
☎089-987-7758
http://www.amitie2001.com/

■高知県

学校法人日米学院
高知ペットビジネス専門学校
高知県須崎市赤崎町46
☎0889-43-0055
http://www.kochi-petbusiness.ac.jp/

■福岡県

九州動物専門学院
福岡県北九州市若松区二島一丁目4番14号
☎093-772-1213
http://k-animal.com/

JKC 九州ペット美容専門学院
福岡県福岡市中央区平尾2-18-5
☎092-524-1232
http://kyushupet.jp/

JKC 九州サンシャイングルーミングスクール 福岡校
福岡県福岡市中央区薬院1-12-30
☎092-712-7877
http://www.kyushu-sunshine.com/

学校法人九州安達学園
九州スクール・オブ・ビジネス
福岡県博多市博多駅前3-8-24
☎0120-474-923
http://www.eggnet.ac.jp/ksb/

学校法人福岡安達学園
専門学校福岡ビジョナリーアーツ
福岡県福岡市博多区博多駅前3-16-3
☎0120-311-700
http://www.va-f.ac.jp/

福岡動物病院看護士学院
福岡県福岡市博多区下川端町8-13
☎0120-391-700
http://afvt.jp/

学校法人滋慶文化学園
福岡ECO動物海洋専門学校
福岡県福岡市博多区大博町4-16
☎0120-717-264
http://www.eco.ac.jp/

■佐賀県

クィーングルーミングスクール
佐賀県佐賀市八戸2-7-4
☎0952-29-2246
http://www.queens-company.com/

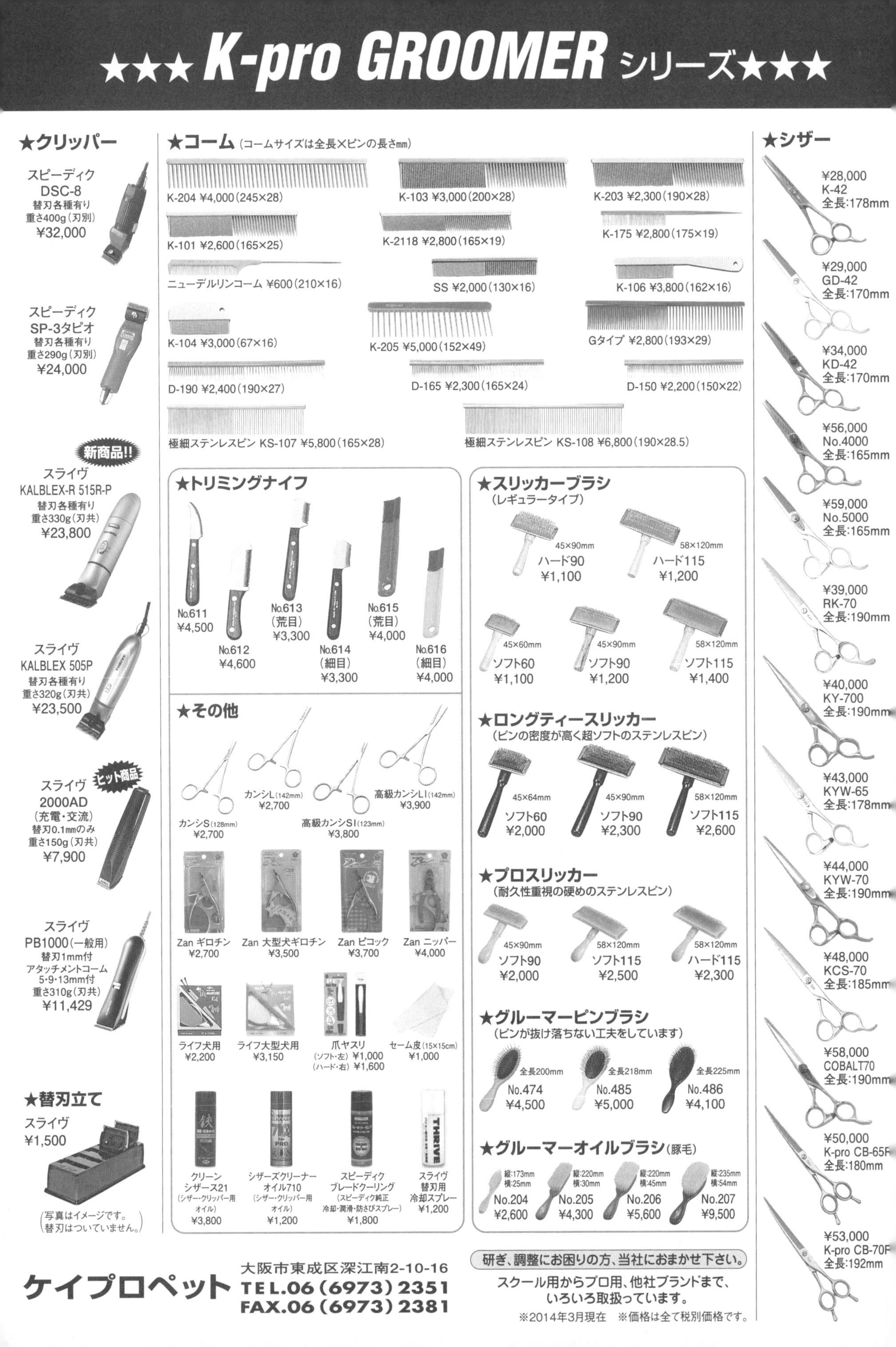

★★★ K-pro GROOMER シリーズ ★★★

★クリッパー

スピーディク DSC-8
替刃各種有り
重さ400g（刃別）
¥32,000

スピーディク SP-3タピオ
替刃各種有り
重さ290g（刃別）
¥24,000

スライヴ KALBLEX-R 515R-P 新商品!!
替刃各種有り
重さ330g（刃共）
¥23,800

スライヴ KALBLEX 505P
替刃各種有り
重さ320g（刃共）
¥23,500

スライヴ 2000AD ヒット商品
（充電・交流）
替刃0.1mmのみ
重さ150g（刃共）
¥7,900

スライヴ PB1000（一般用）
替刃1mm付
アタッチメントコーム 5・9・13mm付
重さ310g（刃共）
¥11,429

★替刃立て

スライヴ
¥1,500
（写真はイメージです。替刃はついていません。）

★コーム（コームサイズは全長×ピンの長さmm）

- K-204 ¥4,000（245×28）
- K-103 ¥3,000（200×28）
- K-203 ¥2,300（190×28）
- K-101 ¥2,600（165×25）
- K-2118 ¥2,800（165×19）
- K-175 ¥2,800（175×19）
- ニューデルリンコーム ¥600（210×16）
- SS ¥2,000（130×16）
- K-106 ¥3,800（162×16）
- K-104 ¥3,000（67×16）
- K-205 ¥5,000（152×49）
- Gタイプ ¥2,800（193×29）
- D-190 ¥2,400（190×27）
- D-165 ¥2,300（165×24）
- D-150 ¥2,200（150×22）
- 極細ステンレスピン KS-107 ¥5,800（165×28）
- 極細ステンレスピン KS-108 ¥6,800（190×28.5）

★トリミングナイフ

- No.611 ¥4,500
- No.612 ¥4,600
- No.613（荒目）¥3,300
- No.614（細目）¥3,300
- No.615（荒目）¥4,000
- No.616（細目）¥4,000

★その他

- カンシS（128mm）¥2,700
- カンシL（142mm）¥2,700
- 高級カンシSI（123mm）¥3,800
- 高級カンシLI（142mm）¥3,900
- Zan ギロチン ¥2,700
- Zan 大型犬ギロチン ¥3,500
- Zan ピコック ¥3,700
- Zan ニッパー ¥4,000
- ライフ犬用 ¥2,200
- ライフ大型犬用 ¥3,150
- 爪ヤスリ（ソフト・左）¥1,000 （ハード・右）¥1,600
- セーム皮（15×15cm）¥1,000
- クリーンシザースS21（シザー・クリッパー用オイル）¥3,800
- シザーズクリーナーオイル710（シザー・クリッパー用オイル）¥1,200
- スピーディクブレードクーリング（スピーディク純正 冷却・潤滑・防さびスプレー）¥1,800
- スライヴ替刃用冷却スプレー ¥1,200

★スリッカーブラシ（レギュラータイプ）

- ハード90（45×90mm）¥1,100
- ハード115（58×120mm）¥1,200
- ソフト60（45×60mm）¥1,100
- ソフト90（45×90mm）¥1,200
- ソフト115（58×120mm）¥1,400

★ロングティースリッカー（ピンの密度が高く超ソフトのステンレスピン）

- ソフト60（45×64mm）¥2,000
- ソフト90（45×90mm）¥2,300
- ソフト115（58×120mm）¥2,600

★プロスリッカー（耐久性重視の硬めのステンレスピン）

- ソフト90（45×90mm）¥2,000
- ソフト115（58×120mm）¥2,500
- ハード115（58×120mm）¥2,300

★グルーマーピンブラシ（ピンが抜け落ちない工夫をしています）

- No.474（全長200mm）¥4,500
- No.485（全長218mm）¥5,000
- No.486（全長225mm）¥4,100

★グルーマーオイルブラシ（豚毛）

- No.204（縦173mm 横25mm）¥2,600
- No.205（縦220mm 横30mm）¥4,300
- No.206（縦220mm 横45mm）¥5,600
- No.207（縦235mm 横54mm）¥9,500

★シザー

- K-42 全長:178mm ¥28,000
- GD-42 全長:170mm ¥29,000
- KD-42 全長:170mm ¥34,000
- No.4000 全長:165mm ¥56,000
- No.5000 全長:165mm ¥59,000
- RK-70 全長:190mm ¥39,000
- KY-700 全長:190mm ¥40,000
- KYW-65 全長:178mm ¥43,000
- KYW-70 全長:190mm ¥44,000
- KCS-70 全長:185mm ¥48,000
- COBALT70 全長:190mm ¥58,000
- K-pro CB-65F 全長:180mm ¥50,000
- K-pro CB-70F 全長:192mm ¥53,000

研ぎ、調整にお困りの方、当社におまかせ下さい。
スクール用からプロ用、他社ブランドまで、いろいろ取扱っています。

※2014年3月現在　※価格は全て税別価格です。

ケイプロペット
大阪市東成区深江南2-10-16
TEL.06(6973)2351
FAX.06(6973)2381

NO IF'S OR BUT'S

THERE IS NO OTHER RANGE THAT COMPARES!
WORLD LEADERS IN SHOW DOG GROOMING PRODUCTS

(株) プラッシュパピージャパングルーミングプロダクツ
Email: info@plushpuppyjapan.com
Buy Online: www.plushpuppyjapan.com
TEL 0285-22-7773　FAX 0285-22-7282

for Groomer NAKANO'S Pet Gear

日本刀の伝統を受け継ぎ、近代技術で完成したその性能をお確かめください。

カッティングシザーのフィーリングを持ったセニングシザーです。

プードルのカッティングに最適なカーブ鋏です。

菊王冠 仕上用 D-700
サイズ:176mm／サイズF:188mm
重量:65g／材質:ATS34
サロン価格 **65,000円**（税抜）

菊王冠 仕上用 No.2000
サイズ:179mm／サイズF:192mm
重量:63g／材質:440A
サロン価格 **29,000円**（税抜）

BOB T-B642
サイズ:163mm／サイズF:176mm
重量:61g／材質:440A
サロン価格 **40,000円**（税抜）

菊王冠 カーブ鋏 70／R
サイズ:180mm／サイズF:193mm
重量:68g／材質:V金1号
サロン価格 **55,000円**（税抜）

BOB T-C6042
サイズ:157mm／サイズF:168mm
重量:52g／材質:440A
サロン価格 **48,000円**（税抜）

※サイズとは、刃先先端から指掛けを含まない最長距離・サイズFとは刃先先端から指掛けを含む最長距離を表します。
ミニ鋏、左用鋏等もございます。詳しくはカタログをご請求ください。

株式会社 中野製作所
〒123-0865 東京都足立区新田2-16-2
TEL.03-3913-2915 FAX.03-3913-0150
HPアドレス www.nakano-mfg.jp

VION 65 / 85

アーム式ドライヤースタンド
お手持ちのドライヤーを装着するだけ

ドライヤーを持たずに両手が使える！

手軽でうれしい！ NO.1

標準サイズ 65 全高 650mm (VION65) ¥13,000（税別）
ロングサイズ 85 全高 850mm (VION85) ¥15,000（税別）

＊取り付けも簡単トリミングテーブルや厚さ5cmの机にも簡単に取り付けられます。
＊アームの角度を調節したり、ヘッド部分を回転させてドライヤーを様々な角度で固定させることができます。
＊上下あらゆる方向から送風できるのでセットアップがラクにできます。
＊お手持ちのドライヤーが3本のベルトでしっかり固定できます。
＊両手が使えるのでドライング作業がしやすく、長時間の無理な姿勢をとることもありません。

オカセン 検索
www.okasen-co.jp/

パピー&シーズ シリーズ
グルーミングレッスンドッグ作品例

PUPPY107S ¥13,000（税別）
PUPPY107Sコンチネンタル ¥15,000（税別）
PUPPY117C ¥15,000（税別）
PUPPY127C ¥15,000（税別）
PUPPY127CT ¥15,000（税別）
PUPPY407SZ ¥13,000（税別）
PUPPY417SZ ¥20,000（税別）

株式会社 オカセン
〒116-0014 東京都荒川区東日暮里6-58-5-202 TEL: 03-3805-2400 mail: info@okasen-co.jp

ベストセラー『トリマーのためのベーシックハンドブック』が
タイトルも新たにオールカラーとなって生まれ変わりました！

トリマーのための
ベーシック・テクニック

著者：金子幸一・福山貴昭

好評発売中

A4判　136頁　オールカラー　定価：本体3,800円（税別）　ISBN978-4-89531-290-5

わかりやすい構成はそのままに、
業界の現状にあわせ最新の内容に刷新。
トリマーとして最初に身に付けておくべき知識や
汎用性の高いトリミング技法を一冊に集約！

本書のポイント

Point 1　トリミングの基本を、ラム・クリップを通してわかりやすく紹介。バランスのよい完成型を作るための「角と面」の捉え方と、実際のカットの手順を連続写真で丁寧に解説。

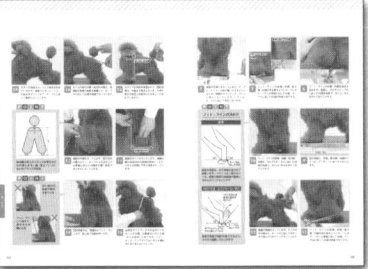

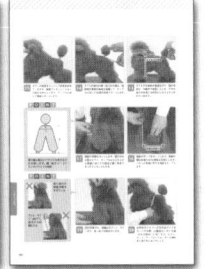

Point 2　最新のグルーミング・ツールを掲載。ハサミとクリッパーはもちろん、滑り止めマットや口輪、爪切りなど、お手入れ方法も含め幅広く紹介。

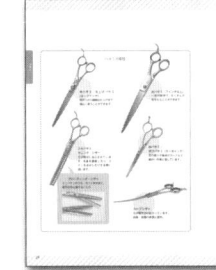

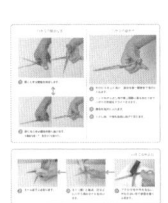

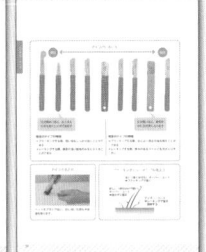

Point 3　保定および仕上がりを左右するベイジングの基本テクニックについて、連続写真で詳細かつわかりやすく解説。

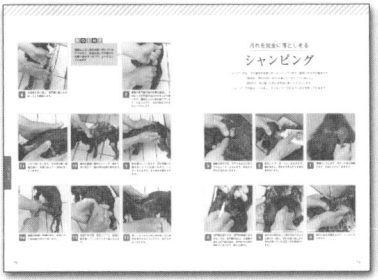

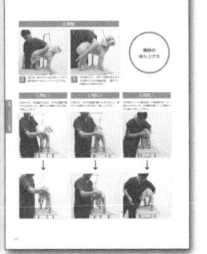

Point 4　「図解・犬種別の応用」の章ではトリマーがまず知っておくべき犬種を掲載しており、入門書として最適な内容。

CONTENTS

1：グルーミングと環境
　「トリミング」とは何か
　トリミング・ルーム
　トリマーの身だしなみ
　トリマーの健康のために
2：グルーミング・ツール
　ハサミ／クリッパー
　トリミング・ナイフ
　ブラシ＆コーム
　その他のグルーミング・ツール
　（ドライヤー等）
3：犬体の基礎
　犬の体の基礎知識
　犬の皮膚／犬の被毛
　目・爪・歯のお手入れ
4：犬の保定
　「犬の保定」と心がまえ
　保定・ハンドリングの基本
5：ベイジング
　ブラッシングの基本／耳掃除の準備
　シャンピング／ドライング
6：クリッピングとシザーリング
　面と角のとらえ方
　顔・足・ボディのクリッピング
　ブレスレットの作り方
7：図解・犬種別の応用
　ビション・フリーゼ
　アメリカン・コッカー・スパニエル
　ミニチュア・シュナウザー
　ポメラニアン
　ベドリントン・テリア
　エアデール・テリア
　ノーフォーク・テリア
　アイリッシュ・セター
　シェットランド・シープドッグ

株式会社 緑書房
Midori Shobo Co.,Ltd

〒103-0004　東京都中央区東日本橋3-4-14 OZAWAビル
販売部　TEL.03-6833-0560　FAX.03-6833-0566
webショップ　https://www.midorishobo.co.jp

トリマーのための ベーシック・ペット・カット

これだけはマスターしておきたい
主要トリミング犬種の基本スタイル！

実力派講師陣のペット・カットの手順を誌面上にリアルに再現。豊富な連続写真とていねいな解説でよりわかりやすく！

ハッピー＊トリマー編集部 編
定価：本体 3,800 円（税別）
A4判 128頁 オールカラー
ISBN978-4-89531-130-4

飼い主さんからのオーダーが多い、ベーシックでかわいいカットを集めました。

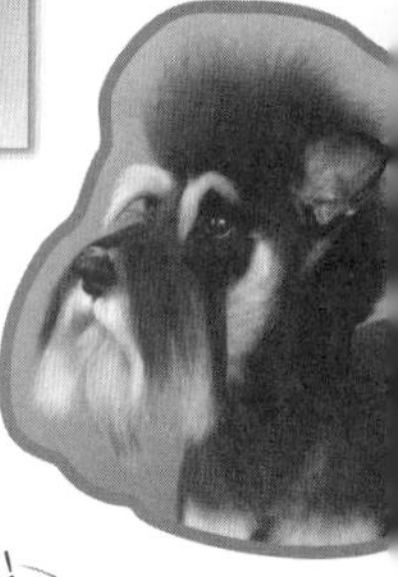

主要トリミング犬種の体や被毛の特徴がわかる！

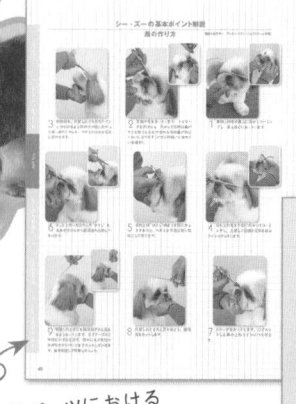

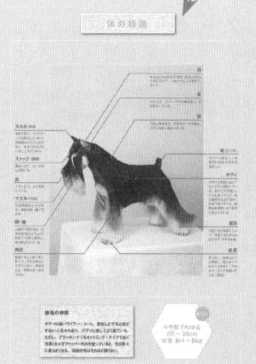

犬種別に各パーツにおけるポイントを金子幸一先生が詳しく解説。

CONTENTS

トイ・プードル
体の特徴
基本ポイント解説－後肢の作り方
「スタンダード・ラム・クリップ」
「スマート・テディ・カット」
「ふわ耳スイート・カット」
「ファンキー☆アフロ」

ミニチュア・シュナウザー
体の特徴
基本ポイント解説－前肢の作り方
「ファング・ベーシック」
「ワイルド・モヒカン」
「テディ・ベア風スタイル」

シー・ズー
体の特徴
基本ポイント解説－顔の作り方
「ショート＆キュート・スタイル」
「ガーリッシュ・ミディアム」

ヨークシャー・テリア
体の特徴
基本ポイント解説－前肢の作り方
「ふんわりパピー・スタイル」
「エアリー・キュート・スタイル」

ポメラニアン
体の特徴
基本ポイント解説－後肢の作り方
「チビシバ・カット」
「ナチュラル・スタイル」

マルチーズ
ビション・フリーゼ
体の特徴
「パピー・スタイル with 巻きテイル」
「すっきりパウダーパフ・スタイル」

株式会社 緑書房
Midori Shobo Co.,Ltd

〒103-0004　東京都中央区東日本橋3-4-14 OZAWAビル
販売部　TEL.03-6833-0560　FAX.03-6833-0566
webショップ　https://www.midorishobo.co.jp

トリマーのための

シャンプーカタログ

Shampoo Catalog

※注記がない場合、価格は税抜きで表示しております。

No.2

F.I.A.ケルコ®

7種のシャンプーと2種のコンディショナーがそろう、自然を追求したオーガニック製品シリーズ。シャンプーはほど良い泡立ちで汚れをやわらかに洗い落とし、やさしい香りと清潔感がキープできます。絡まりやすくケアしづらい被毛には、コンディショナーも併せて使うと、潤いのある豊かな仕上がりを実現します。

*
●354ml=4,000円〜／●希釈:6〜64倍

ファーストインターナショナルアソシエイト（F.I.A.）
☎03-5600-7121　http://www.fiat.co.jp

No.1

ダーマケアー アロビーンシャンプー ノルバサンシャンプー0.5

「アロビーンシャンプー」は皮膚科の獣医師が開発したアロエベラとオートミール抽出物を主成分にしたシャンプー。静電気対策や皮膚と被毛の保湿に最適です。「ノルバサンシャンプー0.5」は動物病院でおなじみの薬用シャンプー。皮膚のかさつきを抑え、被毛をふわふわに仕上げるコンディショナー入りです。同シリーズの耳洗浄液「ノルバサンオチック」も人気アイテム。

*
アロビーンシャンプー●250ml〜=オープン価格／●希釈:原液〜3倍
ノルバサンシャンプー0.5●236ml=オープン価格／●希釈:原液

(株)キリカン洋行
☎03-5418-4112　http://www.nolvasan.co.jp/

No.4
ゾイック ファーメイクシャンプーEX
トリートメントEX　スムースプロテクターEX

シャンプーは低刺激性のメレンゲのようなやさしい泡が被毛のもつれや毛玉を防ぎます。被毛のダメージを修復してくれる伸びの良いトリートメントと、仕上がりを長時間保護してくれるプロテクターもそろい、シリーズで使用することでコーティング力と消臭効果が高まります。

*

ゾイック ファーメイクシャンプーEX●3,000ml(業務用)／●希釈:原液
トリートメントEX●1,000g(業務用)
スムースプロテクターEX●400ml(業務用)、100ml(店販用)＝1,500円

㈱ハートランド
☎075-594-3773　http://www.zoic.jp/

No.3
フルーツ・オブ・ザ・グルーマー
シリーズ

香り豊かなイタリア製シリーズ。「トロピカルフルーツの香り」は、たんぱく質とビタミンを配合し、長毛種(犬猫OK)の被毛をシルクのように美しく仕上げます。ほかに香りの異なる中毛種向き、短毛種向き、抜け毛防止、トニック系、抗菌＆かゆみ防止と、それぞれにコンディショナーがあり、1L、3Lの業務用もそろいます。

*

各シャンプー●500ml～＝2,800円～／●希釈:3～5倍
各コンディショナー●250ml～＝3,800円～

㈱ファンタジーワールド
☎072-960-5115　http://www.fanta.co.jp/

No.6
ラファンシーズ トリートメント シャンプー NK-12
ラファンシーズ トリートメント リンス NK-22

シャンプーは厳選された洗浄成分で、皮膚と被毛をやさしく洗い上げます。シルキータッチのきめ細かい泡立ちで、ふんわりと仕上がるのが魅力。リンスはオイルフリーでベタつかず、さらさらのボリュームと毛吹きが持続します。セットで使用すれば、被毛をより健やかに保てます。

*

●60ml～＝700円～／●希釈:シャンプー3倍、リンス3～5倍

シグマテックインターナショナル㈱
☎0120-712-128　http://www.lafancys.co.jp/

No.5
ボタニカルシャンプー
ふわふわシャンプー

「ボタニカルシャンプー」は、皮膚のデリケートな犬に適した低刺激のシャンプー。植物性成分を使用し、毛づやの向上にひと役買います。「ふわふわシャンプー」はその名の通りふんわりとした洗い上がりが特徴。毛並みを美しく整え、さわり心地はなめらかに仕上がります。

*

ボタニカルシャンプー●300ml＝1,800円(税込)／●希釈:原液～5倍
ふわふわシャンプー●300ml＝1,600円(税込)／●希釈:原液～5倍

㈱プリマコスメディコ
☎0120-2856-11
http://www.prima-cosmedico.com/

No.8
COWBOY MAGIC ローズウォーターシャンプー

人のサロン仕様の厳選された成分が、つややかな仕上がりを実現。すばやく泡立ち、ディープクレンジング効果で皮膚や被毛の汚れと臭いを取りのぞきます。被毛と皮膚をいたわりながら洗えて、さらりとした仕上がりが長時間持続。硬い短毛や毛玉のできやすい被毛にもお勧めです。コンディショナー、黄ばみ取り用のシャンプー、つや出し兼毛玉防止剤などもラインアップ。

*
●473ml〜＝3,000円〜／●希釈:5〜10倍

アダムコーポレーション
☎048-978-8819　http://www.inuzakka.net/

No.7
ナチュラルペットシリーズ

犬の皮膚にもトリマーの肌にもやさしい低刺激性シャンプーシリーズ。なかでも注目は、無香料・無着色、石けんと同じ成分で作られた下洗い専用の「ナチュラルペット・プレシャンプー」。汚れや脂分だけでなくコート剤もしっかりと落として被毛をリセットしてくれます。業務用のラインアップも豊富。

*
ナチュラルペット・プレシャンプー●300ml〜＝1,200円〜
●希釈:原液〜5倍

ファインケムコ
☎03-3269-6621
http://www.fine-cosmetics.com/petseries.htm

No.10
サンディーズ ティーツリーシャンプー

植物性成分で粘膜や目にもやさしい、刺激の少ないシャンプー。汚れを落としながらも必要な皮脂を残し、皮膚のコンディションを整えます。洗う人の手が荒れにくいのが特徴。ラインアップにはコンディショナーとケアミスト(250ml)もそろい、ティーツリーのほのかな香りも魅力です。

*
●300ml〜＝1,700円〜／●希釈:原液〜3倍

サンディーズハーバルプロダクツ㈱
0120-246-710　http://sandy-s.com/

No.9
シャンメシャン 自然のシャンプー

天然成分100％のシャンプーで、「何を使ってもかゆがる」など、皮膚トラブルのある犬にも安心です。同ブランドのリンスはその希釈具合によって、しっとりからさらさらまで仕上がりを調整可能。ハーブの香りが1〜2週間と長く持続します。それぞれ詰め替えと業務用があります。

*
300ml〜＝2,500円〜／●希釈:原液〜10倍

㈲キタガワ
☎072-801-7771　http://www.inunoie.com

No.12
バイオガンス プロテインプラスシャンプー

世界46カ国以上で愛用されるフランスのコンプリートケアシリーズ。ペットと環境に配慮しオーガニック成分を用いて製造しています。「プロテインプラスシャンプー」は全犬猫種に対応し、保湿・補修・保護効果が高いのが魅力。パラベンや合成着色料フリー、天然香料配合とこだわりある製品です。シャンプー＆コンディショナーやブラッシングケアなどラインアップも豊富。

＊
●250ml＝2,200円／●希釈:原液～10倍

㈱ドーイチ
☎047-431-1268　http://www.doichi.com/

No.11
全犬種用シャンプー

皮膚のpHに近い弱酸性のアミノ酸活性剤を主原料に、6種類のハーブエキスと、皮膚トラブル予防をサポートする水溶性イオウを配合。被毛をふんわりなめらかな状態に仕上げます。コンディショナーやリンスのほか、短毛種・長毛種用など犬の特性に合わせたシャンプーが業務用とともにそろいます。

＊
●400ml～＝2,000円～／●希釈:4～5倍

㈲ベルツリー
☎049-262-4974

No.14
ビューティーエコ 自然のシャンプー

ひまわり油を主原料にした純植物性で、泡立ちの良さが特徴。犬の皮脂すべてを洗い落とすことなく汚れだけを洗浄します。合成界面活性剤や人工着色料などを使用せず、100％天然植物性。静電気の発生や汚れの付着も抑え、毛づやもアップ。300ml（写真）のほか3L、4Lタイプやコンディショナーもそろいます。

＊
●50mlお試しセット～／●希釈:原液～15倍

㈱ベッツ・チョイス・ジャパン　☎0568-85-3411
http://www.vetschoice.co.jp/

No.13
Plush puppyシャンプーシリーズ

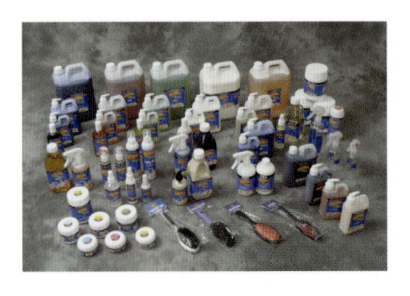

オーストラリア産プロ向けシャンプーシリーズ。「サロンフォーミュラーシャンプー」は、オーガニック素材を厳選し、サロン用に開発されたアイテム。さっぱりと洗い上げることができ、希釈して使用するため経済的です。コンディショナーもそろい、さまざまな犬種を取り扱うサロンや犬舎での使用に最適。

＊
サロンフォーミュラーシャンプー●5L＝9,400円／●希釈:20～30倍
サロンフォーミュラーコンディショナー●5L＝14,400円／●希釈:20～30倍

㈱Plush Puppy Japan Grooming Products
☎0285-22-7773
http://www.plushpuppyjapan.com/

No.16
ピクニックシャンプー C
（オイリースキン用）

二価イオンのステアリン酸Mgの働きで、低刺激ながら高い洗浄力を発揮します。オイリースキンや皮膚のベタつき、フケなどでお困りのトリマーさんにお勧め。アロエやヨクイニンなど6種の天然生薬を豊富に配合し、皮膚のバリア機能回復をサポートします。

＊
●100ml～＝1,000円～／●希釈:5倍

㈱ペットバリエーション
☎072-657-7030　http://petvariation.com

No.15
プロテハート

心臓疾患や皮膚トラブルを抱える犬向けのサプリメント「パンフェノン」と同じ成分で作られたシャンプー。フランス南西部の海岸に生育する海岸松の樹皮から抽出した天然由来のポリフェノールが、老化の原因のひとつである酸化を防ぎます。泡立ちも良く被毛全体にまんべんなくなじみ、成分が浸透していきます。

＊
●200ml～＝3,500円～／●希釈:原液

㈱スケアクロウ
☎03-5428-8779　http://www.scarecrow-inc.jp/

No.18
JOHN PAUL PET
目にしみない子犬・子猫用シャンプー

JOHN PAUL PETシャンプーシリーズのなかでも最もマイルドなシャンプー。天然植物成分・オーガニック成分で、目を傷つけることなく高い洗浄力・保湿力を発揮します。洗顔時に万が一目に入っても刺激がなく安全で、涙やけが目立つ部分に浸け置きして使うことも可能。皮膚の弱い犬でも全身しっかりと洗えます。

＊
●473.2ml＝2,713円／●希釈:原液

JOHN PAUL PET JAPAN
☎03-3790-8051　http://www.jppet.jp

No.17
Aliel&Co
ノンシリコンシャンプー S°11

高品質美容成分（フラーレン、プラセンタ、セラミド、ヒアルロン酸など）が配合された"エイジングケア"シャンプー。全成分表示で、洗う人の手にもやさしい処方です。皮膚トラブルを抱える犬にも使える低刺激で、硫酸系界面活性剤は不使用。少量で泡立ちが良く、泡切れも抜群です。美容成分配合のため硬くなったシニア犬の被毛もつややかに、手ざわりがやわらかく仕上がります。ラベンダーオレンジの香り。

＊
●250ml＝2,800円／●希釈:原液～5倍

VIVATEC（販売元）/Aliel&Co（発売元）
☎06-6635-0779　http://aliel.jp

トリマーのための
ツールカタログ
Tool Catalog

※価格は税抜きで表示しております。

No.2
BOB T-B642

パワー重視で信頼の厚いスキバサミ。刀身が厚く、コッカー・スパニエルなど毛量が多い犬種でもしっかりと切れて効率的に作業できます。やわらかい毛質にも硬い毛質にも対応可能な万能タイプ。ストレートシザーのようななめらかさが特徴で、切れ味・カット率ともに称賛の声が高い一品です。

*
- ●全長177mm／●刃渡り64mm／●目数42目／●重量61g
- ●40,000円

㈱中野製作所
☎03-3913-2915　http://www.nakano-mfg.jp/

No.1
ドッグウェルDKM-68

手にフィットしてカットしやすい、新デザインのエルゴノミクスハンドル設計です。ドライベアリングネジを採用し、開閉の軽さを向上。表はパワーのあるはまぐり刃、裏はフィットしやすいフラット刃で、安定したハサミさばきが可能です。

*
- ●全長191mm／●サイズ6.8インチ／●刃渡り89mm／●重量65.0g
- ●68,000円

㈱東光舎
☎03-3945-4011　http://www.dogwell.com/

No.4
胡蝶LT-18FC

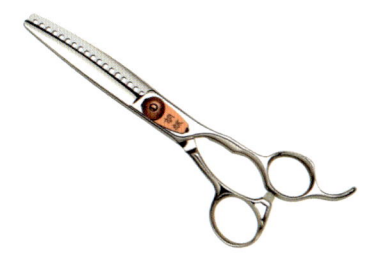

自然な風合いを作れるカット&セニングシザー。カット率が大きく効率の良いカットを実現します。クリッパーでは跡が付きやすい犬種でとくに重宝され、カーブシザーを併用することで時間短縮が可能。小回りが効きトリマーさんの手になじみやすい6インチを採用した使い勝手の良いシザーです。

＊
●全長152mm／●刃渡り60mm／●目数:18目／●重量:55g
●52,000円

東京理器㈱
☎03-3934-0130　http://www.tokyoriki.co.jp/

No.3
TOKIO COBALT 70P

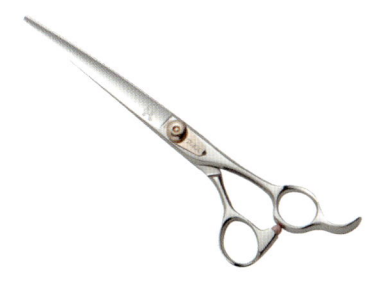

日本刀の刀鍛冶を原点とする、職人技を生かした仕上げバサミです。国産品ならではの完成度の高さと、切れ味の良さが特徴。峰にプードルの刻印が施されたおしゃれなデザインも魅力です。COBALTシリーズのなかでも人気の一品。

＊
●全長178mm／●サイズ7インチ／●刃渡り87mm／●重量67g
●58,000円

㈱アンドー
☎045-290-5151　http://www.tokio-ando.com/

No.6
D.I ウィン ファング30.2

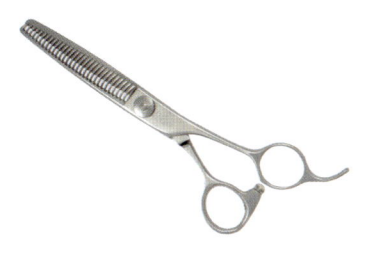

最高級の鋼材「日立安来鋼ATS314」を使用した、細身のスキバサミ。刃が毛の中にすばやく入り込み、抵抗が少ないため鋭い切れ味で繊細な表現が可能です。顔周りや足周りなど、細かい部位を仕上げるときにとくにお勧め。

＊
●全長152.4mm／●刃渡り61mm／●目数30目／●重量51g
●63,000円

㈲ペテック
☎0258-33-1167　https://www.petech.jp/

No.5
V5-21

カット率が高く、ラインを作りながら同時にぼかすことができるため、仕上げバサミのように使用できるスキバサミ。角を取って自然でなめらかなラインを作れます。時間のかかる仕上げの効率をアップできるので、作業の時間短縮にもつながります。

＊
●全長155mm／●刃渡り60mm／●目数21目／●重量56g
●89,800円

㈱無印
☎03-3986-2872　http://p.sciss.jp/

No.8 ヘアーペン

スリムなフォルムが特徴の部分カット用クリッパーです。通常のクリッパーでは届きにくい細かなところや凹凸がある部分にもしっかりとフィットします。コードレスで約40分間使用することが可能。充電スタンドも標準装備で、収納にも困りません。

＊
- ●重量110g（本体のみ）／●刃の種類0.25mm、0.6mm
- ●コード、コードレス兼用／●15,120円

ファーストインターナショナルアソシエイト（F.I.A.）
☎03-5600-7121　http://www.fiat.co.jp

No.7 K-pro HPS70

どんなシーンでもオールマイティーに活躍するスリムタイプのストレートシザー。ブレードの強さを残しながらハンドル部を軽量化しているのでスムーズに作業を行えます。くびれを持たせた形状で、安定感、なめらかな開閉、小指掛のフィット感がアップしています。

＊
- ●全長185mm／●サイズ7インチ／●刃渡り85mm／●重量53g
- ●65,000円

ケイプロベット
☎06-6973-2351

No.10 SPEEDIK TAPIO

小ぶりで軽く、女性トリマーの手になじみやすいフォルムが特徴。小回りが利くので足や顔など細かい作業が必要になる部分にも使いやすく、作業もスムーズです。モーターの性能が替刃にしっかり伝達され、パワーも十分。レッドとブルーがそろいます。

＊
- ●重量約290g／●コード2.5m／●替刃13種／●オープン価格

清水電機工業
☎072-981-4426　http://www.speedik.co.jp/

No.9 THRIVE MODEL 515R-P

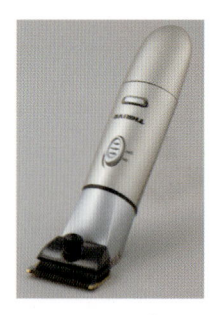

「ギア駆動方式」の採用により、パワフルな「トルク」を実現しました。急速充電器の採用により、約90分でスピーディーな電池のフル充電が可能。ランプの点滅により充電完了をお知らせする機能も付いています。

＊
- ●重量約330g（刃付き）／●充電式（カセット電池2個付属）
- ●23,800円

スライヴ㈱
☎06-6783-8630　http://www.daito-thrive.co.jp/

No.12
スタンド式ウルトラターボSpeed

消費電力1,380Wで2,100Wクラスの風量を誇る省エネタイプ。操作性に優れた大型プッシュスイッチボタンで、風量・熱量ともに無段階で調節でき、作業のスピードアップに役立ちます。カラーバリエも豊富でサロンのインテリアに合わせて選べるのも魅力。

*

●重量10.3kg／●コード2.9m／●ワイドノズル・ピンポイントノズル
●サロン価格160,000円

㈱ドリーム産業
☎073-451-0012　http://www.dreamsnet.com/

No.11
ジェル・ワンRS1800ターボ

風量と温度が無段階で調整でき、すばやい乾燥を実現します。メンテナンス機能付きキャスターが標準装備されており、簡単に掃除をすることが可能。風の吹き出し部分の内径が約40mmと小さい分、風が強く感じられます。低重心で倒れにくく、スムーズな移動を可能にする5本脚構造。

*

●本体5.7kg、スタンド5.3kg／●オープン価格

㈲ペテック
☎0258-33-1167　https://www.petech.jp/

No.14
高反発衝撃吸収マット「ムニュ」

トリミングテーブルの上やペットホテルの床などに敷くことで、犬の滑りやケガの防止をサポートします。反発力が強く沈みにくいので、長時間の立ち作業となるトリマーさんの足腰への負担も軽減してくれます。汚れても軽く拭くだけで汚れが落ち、お手入れが簡単です。カラーはブラウンとベージュ。

*

●サイズ460×1220×厚み10mm●8,550円

㈱ヒューベス　☎04-2935-7644
http://www.huves.co.jp/

No.13
Super Box 1500

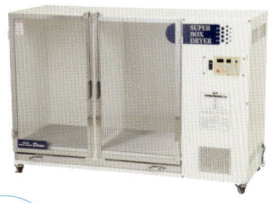

風が乾燥室内を対流し、全身をむらなく乾燥できるボックス型のドライヤー。便利なタイマー機能と操作リモコン、マイナスイオンが標準装備されています。風量の強弱が切り替えられ、やさしいゆらぎ機能も搭載。ボックスで乾燥させながらほかの作業に取り組める、時間短縮の強い味方です。サイズバリエあり。

*

●サイズW1500×D560×H1000mm／●サロン価格552,000円

㈱ドリーム産業
☎073-451-0012　http://www.dreamsnet.com/

No.16
オゾンペットシャワー

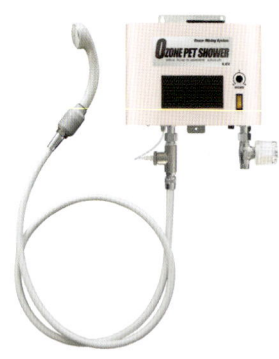

オゾンナノバブル（超微細気泡）によって、皮膚と被毛をふんわりさらさらに仕上げます。涙やけやよだれやけのほか、皮膚のコンディションが悪い場合でも、強力な除菌・脱臭力で清潔な状態に。人の肌にもやさしいので、手荒れに悩まされがちなトリマーさんにもお勧めです。

＊
●サイズW280×H200×D150mm／●消費電源32W
●吐水水量12L/min／●268,000円

㈱アイレックス
☎06-6339-6306　http://www.ilex.ac/

No.15
マイクロバブル

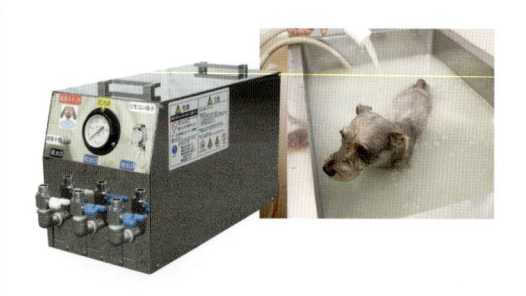

大量の小さな泡で、臭いやかゆみの原因を除去するマイクロバブルウオッシュシステム。こすらずに洗えるので皮膚に負担をかけず、皮膚トラブルの緩和に役立ちます。電源コンセントとシンクがあればすぐに使うことができ、日々のメンテナンスに必要な消耗品も付属されています。

＊
DXツインタイプ（リモコン・タイマー付き）●798,000円

㈲ターレス
☎03-5982-0071　http://www.microbubble.jp/

No.18
PROケージシリーズ

アジャスター脚を標準装備し、移動に便利なキャスターをオプションとして加え、使いやすさを追求した業務用ケージ。材質はステンレス製とスチール製から選べます。2タイプのドア面とS〜3Lと幅広いサイズのラインアップが魅力。ドア面の下からスノコも受皿も楽に引き出して簡単に掃除ができます。

＊
●S〜＝11,500円〜

㈱市瀬 グローライフ推進室 ペット事業部
☎03-3291-7563　http://pet.ichise.info/

No.17
エアーサクセスプロ

20畳まで対応できる消臭専用機。特許技術「多重リング」で、大量のイオン風を効果的に発生させ、悪臭の元を分解します。フィルターやファンがないのでお手入れも簡単。平置き、縦置き、壁掛けと設置スタイルを選ばない軽量・コンパクト設計も魅力です。

＊
●サイズW160×H50×D165mm●24,000円

テルモ・コールセンター
☎0120-12-8195　（9:00〜17:45　土・日・祝をのぞく）
取扱店　日本ウエイン㈱
☎0120-654-1050　https://www.petweb.jp/

プロフェッショナル フリーハンド クリッパー
～コードレスだから、手と一体化したような使用感！

F.I.A.®ブランド

All New F.I.A.® スピード2

Power Up!

❶ 長時間使用でもストレスを感じないターボ級のパワフルモーター採用。
❷ 切れ味、耐久性に優れ、熱を持ちにくいセラミック替刃を全替刃に採用。
❸ コンパクトになったACアダプター。

納得のパワー！！
パワフル100分連続稼動！！
コード使用も可能！！

コードレス / コード使用

ワインレッド、ダークグレー、ピンク、シルバー

■スピード
コード・コードレス両用　サイズ：170×35mm（刃無し）
重量：約220g（刃無し）
◎セット内容
ACアダプター、スタンド、オイル、ブラシ　￥28,300（税抜）

全替刃にセラミックを採用！
切れ味！耐久性に優れた替刃です。

替刃: 0.1～1mm ／ 0.5～2.5mm ／ 1～3mm ／ 3～5mm ／ 6～8mm ／ 9～11mm

F.I.A.® スーパーシャーク2

Power Up!

❶ きれいな仕上がりと清潔なステンレス製アタッチメント使用可。
❷ コンパクトになったACアダプター。

■スーパーシャーク
コード・コードレス両用　サイズ：170×35mm（刃無し）
重量：約220g（刃無し）
◎セット内容
ACアダプター、スタンド、オイル、ブラシ　￥32,800（税抜）

パワフル70分連続稼動！！
コード使用も可能！！

コードレス / コード使用

ステンレス製アタッチメント
3mm ／ 6mm ／ 10mm ／ 13mm ／ 16mm ／ 19mm ／ 22mm ／ 25mm ／ 32mm

替刃: 0.1mm ／ 0.25mm ／ 0.5mm ／ 1mm ／ 2mm ／ 3.2mm ／ 6.4mm ／ 9.6mm ／ 13mm

---

※商品は改良のため、予告なく仕様を変更することがあります。

F.I.A.® ファーストインターナショナルアソシエイト

有限会社 ファーストインターナショナルアソシエイト
F.I.A.® Inc.　http://www.fiat.co.jp　info@fiat.co.jp
〒135-0003　東京都江東区猿江2-8-7
TEL.03-5600-7121（代）　FAX.03-5600-7122

クリッパー事業部
TEL.03-5600-1236

キリカン洋行の安心な
シャンプー＆イヤケアーシリーズ

ノルバサン®シリーズ

獣医さんが選ぶ、殺菌・消臭の定番シャンプー

ノルバサン® シャンプー 0.5
（動物用医薬部外品）

有効成分：クロルヘキシジン酢酸塩

【獣医さんが選ぶシャンプー】
〜薬用シャンプーの定番〜

236mL ボトル　　業務用ガロン(3.78L)

ノルバサン® オチック

主成分：ポリオキシエチレンオクチルフェニルエーテル、プロピレングリコール

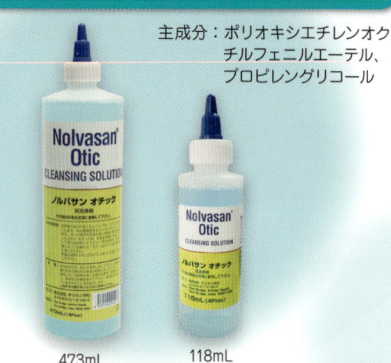

473mL　　118mL

皮膚科専門の獣医さんが開発した、天然成分シャンプーシリーズ

ナチュラルシャンプー＆アロビーン シリーズ

ダーマケアー ナチュラルシャンプー
皮膚科の獣医さんが開発

主成分：ヤシの実油由来の洗浄成分、オリゴ糖、植物由来プロテイン
石鹸成分を含まないので、ノルバサン®シャンプー 0.5 の下洗いにも最適です。
（250mL ボトル、5L ポンプタンク）

天然成分

【皮膚科専門の獣医さんが開発】
〜子犬や敏感肌のコに薬用シャンプーの下洗いに〜

5L ポンプタンク　　250mL ボトル

ダーマケアー アロビーンシリーズ
皮膚科の獣医さんが開発

主成分：アロエベラ、オートミール抽出物
保湿性が高く厳選されたアロエベラとオートミール抽出物のシリーズです。
●シャンプー（250mL ボトル、1L ボトル）、
●コンディショナー※簡単便利な洗い流さないタイプ（100mL チューブ、500mL ポンプボトル）

【皮膚科専門の獣医さんが開発】
〜皮膚の保護・保湿に〜

●コンディショナー
100mL チューブ、500mL ポンプタンク

●シャンプー
250mL ボトル、1L ボトル

株式会社 キリカン洋行

TEL.03-5418-4112（ヨイヒフ）　FAX.03-3457-9669
E-mail：desk@nolvasan.co.jp　URL：http://www.nolvasan.co.jp
〒105-0014　東京都港区芝 2-10-4　電巧社ビル

LET'S TRY TRIMMING, YOU ARE TAKEN WITH ONE!!
For your good customers product by SPEEDIK. since 1933.

スピーディク ペットクリッパー

ペットトリマーも・愛犬家・愛猫家も…
プロ、パーソナル、ユーザーを問わない、
信頼のトラディショナル ブランド!
スピーディク ペットクリッパーを!

Speedik

LEGATO　彩りの3色 Brightly-Colored

好評発売中のLEGATOに色目が2色増えてB・B・B!!
Black・Blue・Brownのスリーカラーになりました。
パワー・耐久性・作業性に優れたクラス最高水準機は、
きっと貴方と共鳴し、最高の(Best)美(Beauty)を産み、
そのトリミングは喝采(Bravo)を浴びるでしょう。
SPEEDIKの最高峰を貴方に!

- ■強力モーターを内蔵。
- ■小型軽量化のために電子部品を
  プラグケースに納入。
- ■ボディの発熱を抑える冷却ファンを装備。

ブラック　ブルー　ブラウン

ガラス繊維組込 特殊樹脂 使用

●電子部品をプラグケースに収納

TAPIO　軽快にRed&Blue

広がる夢を手繰る、その掌で握ってみてください。
手になじむフィット感が産みだす軽快さは、まさにR&B!!
(Rhythm and Blues)
SPEEDIK最軽量、納得の使いやすさです。

- ■高性能小型マイクロモーターを内蔵。
- ■使いやすいセンタースイッチ。
- ■フェイスギア方式で省エネ(5W)モーターでもトルクは十分。
- ■軽量ボディはレッドとブルーの2色をご用意。

ブルー　レッド

ボディカラー 2色

CL-50　魅惑のDark-Ash Skeleton

コードレスでありながら50分フル稼動パワーも充分、
(新品満充電時・替刃装着時)
スペアの電池パック(別売)でさらに倍の連続稼動もOK!
場所を問わない、これはもう、
ドコデモ・クリッパーと呼んでしまおう!!

- ■ワンチャージで約50分の連続稼動。(新品満充電時)
- ■電池パック方式だからスペアー(別売)を揃えると
  さらに長時間使用が可能。
- ■スリムなボディでスケルトン仕様。

■充電器

◆電池パック方式で
ワンタッチで脱着OK!

約50分 連続稼働

SR-1　伝統のBlack

昭和の息吹を今に伝える逸品。(1986年製造開始)
ロングモーター故の重厚ボディは
SPEEDIK最速ストロークを誇る。

- ■高速で強力なモーターを内蔵。
- ■ボディの発熱を抑えるために冷却ファン装備。
- ■振幅数はスピーディク最速!!

Classic Traditional Model

SPEEDIK　スピーディク電気バリカン　清水電機工業株式会社

〒579-8041　東大阪市喜里川町2番12号　TEL(072)981-4426(代)　FAX(072)981-6885
URL: http://www.speedik.co.jp/pet/　E-mail: dogcat@speedik.co.jp

Thales

ターレスのマイクロバブル設置実績は国内外**850**店舗以上！
日本で生まれた、この"新しい技術"が海外でも大好評!!

ターレス社が開発し、実用化したマイクロバブルを使った洗浄方法は、アメリカとカナダで特許を獲得しています。

マイクロバブル導入店に聞く！ ドッグサロン Smile 伊野聖一さん

顧客獲得につながるマイクロバブルはサロン経営に欠かせないアイテムです。

東京・文京区の「ドッグサロンSmile」では、ターレス製のマイクロバブル・ウォッシュ・システム（以下MB）をオプションメニューの目玉にしていて、現在は顧客の6割が利用する人気メニューになっているそうです。

その理由について、オーナーの伊野聖一さんは「お客さまからニオイの改善やフケの抑制、抜け毛の減少などにとても満足いただいていますので、自信を持ってオススメできますね。最近でも、ひどかった皮膚の赤みがだいぶ良くなってきた、とのお声をいただきました」と言います。

"仕上げやすさ"や"ブロー時間の短縮"など作業効率を上げ、時間短縮につながることもトリマーとして評価しているポイントとのこと。サロンをオープンしてもうすぐ3年目を迎える伊野さん。以前に在籍していたお店で出会ったMBに惚れ込み、独立後も「サロン経営の軸になる」と考え、何よりも先に導入を決めました。実際にオープンから短期間で利用率を上げ、現在では常連となった意識の高い顧客層を獲得できたそうです。「競合店さんもマイクロバブルやオゾンなどを導入しているので、単純にサービスの提供だけでは差別化にはなりません。ただ、いまはMBの情報や知識を持っていて、より良いものを探している飼い主さんも多いですし、そのような方々を顧客にするためのコミュニケーション・ツールであるとも考えています」と伊野さん。「MBを活用することで時間短縮になりますが、顧客回転率を上げるのではなく、その短縮分をお客さまとのコミュニケーションの時間に割り当てることで、より関係が深まりリピーター・顧客の獲得へとつながっているそうです。「ターレス社のMBは動物医療の現場で導入されているものですし、何より自分たちが本当に納得できるサービスだからこそ、後ろめたさがなく自分をもって提案ができます。その気持ちが伝わってお客さまにも広がっているのだと思います」

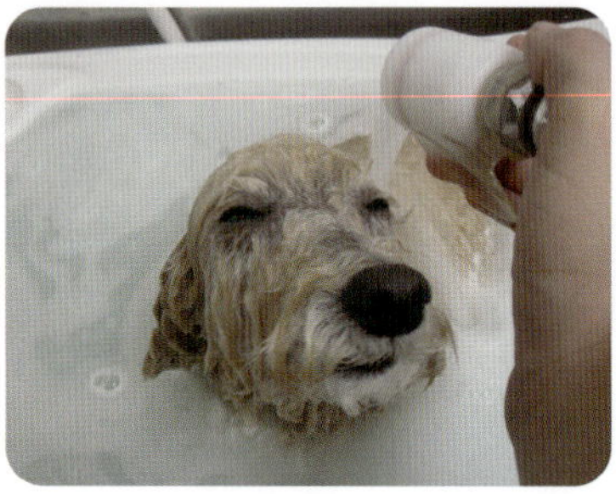

ドッグサロン Smile 伊野聖一さん

初めての方には"MBお試しキャンペーン"で温浴中の気持ち良さそうな写真をプレゼント。リピートにつながっている。

ShopData
ドッグサロン Smile
〒112-0005
東京都文京区水道2-11-7
TEL 03-5981-9189

簡単なのにこんなにすごい！ ターレスのマイクロバブル・ウォッシュ・システム

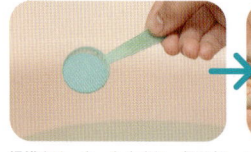

温浴クリーナーを小さじ一杯分投入。超微細な泡と専用の温浴クリーナーの「組み合わせ」がポイント。温浴クリーナーがないと満足な洗浄効果が得られません。

マイクロバブルを発生させた瞬間。白く色付くのは超微細な泡によるもの。お湯全体に充分に泡が行き渡っているのが分かります。

通常15分程度の温浴でOK。お湯につからない部分はかけ流しで。温浴中ぐっすり眠ってしまうワンコもいるのでよく観察して下さいね。

洗浄終了！ 被毛の汚れ、からみついた抜け毛、毛穴の奥の老廃物やフケなどが洗い流されました。洗浄後のシンクを見て絶句する飼い主さんも続出。

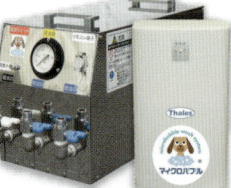

● DXツインタイプ（リモコン・タイマー付）
　…798,000円（税別）
● STツインタイプ …750,000円（税別）
● Jr（ジュニア）※…399,000円（税別）
※国際特許申請中

ターレスのマイクロバブル 5つの特徴！
● シャンプーでは落とし切れない毛穴の奥の老廃物までやさしくしっかり洗浄します。
● こすらずに皮膚と被毛を洗浄できるので、皮膚の弱いワンちゃんにも安心！
● はじめてでもすぐに使える簡単操作！
● お風呂が苦手なワンちゃんもリラックス！
● トリマーさんの手にもやさしい洗浄方法です。

---

microbubble wash system マイクロバブル。

このマークが正規品の証
類似品にご注意ください
ターレスのマイクロバブル・ウォッシュシステムは獣医師と3年以上研究を重ねた上で開発し販売を開始したものです。

まずは無料でお試しください！
無料体験を実施しています。「マイクロバブル」を実際にお使いになって、仕上がり具合や使い勝手をお試しください。

● お申し込みは今すぐ！
電話受付　平日10:00～18:00　FAX・HPからも申込可能
TEL.03-5982-0071

www.microbubble.jp
ターレスのマイクロバブル　検索

有限会社 ターレス
〒161-0033 東京都新宿区下落合1-2-16-701
FAX.03-5982-0072　Mail: info@microbubble.jp

コンパクトで驚くほどの消臭効果！

20畳まで対応

特許技術【多重リング】が可能にした大量のイオン風で、パワフル消臭！

消臭専用機 エアーサクセス プロ

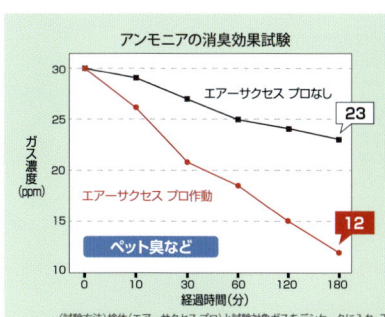

臭いの元とイオンやオゾンが反応し、分解・不活性化させることで、臭いを消すことができます。「エアーサクセス プロ」は、**特許技術「多重リング式コロナ放電技術MRD（Multiplex Ring Discharge）」**を搭載し、悪臭の元を分解・消臭する大量のイオン風（イオンと低濃度オゾン）を効果的に発生させます。

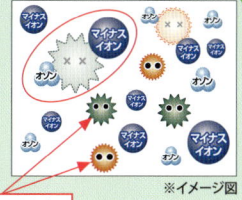

アンモニアの消臭効果試験

- エアーサクセス プロなし：23
- エアーサクセス プロ作動：12（ペット臭など）

縦軸：ガス濃度(ppm)　横軸：経過時間(分) 0, 10, 30, 60, 120, 180

アンモニアをはじめとする多種多様な臭いの元

※イメージ図

〈試験方法〉検体（エアーサクセス プロ）と試験対象ガスをデシケータに入れ、下記条件にて経過時間ごとのデシケータ内ガス濃度をガス検知管にて測定した。1.デシケータ内の検体を動作（エアーサクセス プロを動作） 2.デシケータ内の検体なし（エアーサクセス プロなし）（試薬及び器具）・アンモニア：アンモニア水（28%、特級）[小宗化学薬品株式会社]から発生させたガスを使用・ガス検知管[株式会社ガステック]・ガス検知管[光明理化工業株式会社]・デシケータ（約10ℓ）[Fine]（試験機関）・試験依頼先：財団法人日本食品分析センター・試験成績書発行番号：第10084093001-01 号・試験成績書発行年月日：2010年(平成22年) 10月21日

※オゾンは濃度によって体に良くないと言われています。しかし「エアーサクセス プロ」の最適化されたイオン風に含まれるオゾンは、環境基準(0.06ppm)以下のオゾン発生量(0.05ppm以下)なので、安全・無害。安心してお使いいただけます。※実験データは同様の効果を保証するものではありません。使用効果は、季節や温度、湿度、お部屋の状況などの周囲環境によって異なります。

消臭専用機だから、ここが違います！

- **一日フルに使って 電気代 約40円/月**
- **フィルターなし お手入れカンタン！**
- **平置き、縦置き、壁掛け どこにでも置ける**
- **回転ファンがなく 静かでペットにやさしい**

テルモ株式会社　〒151-0072　東京都渋谷区幡ヶ谷2-44-1　http://www.terumo.co.jp/　©、TERUMO、テルモはテルモ株式会社の登録商標です。　©テルモ株式会社　2011年12月
〈販売元〉日本ウエイン株式会社　TEL 072-636-1050　https://www.petweb.jp/

胡蝶 Butterfly

新しいスタートに相応しい胡蝶のエクセレントシザーズ

女性向き♡小振りなハンドルを採用

NK-68F
静刃がハマグリ刃
動刃が平刃
カット時にも毛が倒れにくいハイブリッド刃シザー
¥33,000（税別）

EH-70F
オールマイティーなコバルトシザー
¥43,000（税別）

GP-42F
埋込ネジを使用。
しっかりとした造りのコバルトセニング
¥45,000（税別）

LT-18FC
スピーディーなカットを実現するカット＆セニングシザー
¥52,000（税別）

開業の御準備と併せシザーメンテナンスの御準備もお済ですか？

シザーの研ぎ、修理は製造のプロにお任せ下さい。

サロンや病院に勤めていた時は先輩、同僚と一緒に依頼しており、独立してお困りになられませんか？
胡蝶を始めとする当社製シザーは勿論、他社製シザーや学生時代からご愛用のシザーにも対応しております。
是非お試し下さい。

胡蝶の資料請求はコチラから！

シザーや開業に関するお手伝いもお気軽にお問合せ下さい。
♡優しく丁寧な対応を心掛けております。

東京理器株式会社
〒174-0064　東京都板橋区中台1-29-5
TEL：03-3934-0130　FAX：03-3934-0320
URL：http://www.tokyoriki.co.jp　E-Mail：info@tokyoriki.co.jp

信頼のアフターケア

企画から設計・製造・出荷まで一貫して自社工場で行い、
納品後のメンテナンスなどのアフターケアも万全です。

made in Dream

（品質＋性能） × アフターケア

私たちの製品作りとは、ユーザー様の元で安全・快適に使って頂き初めて完成したと言えます。

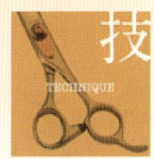

	究 RESEARCH	技 TECHNIQUE
	信 RELIANCE	創 CREATION

ご購入	1年後	3年後	3年後	10年後

Dryer

| サクセス 1年保証期間 | サクセス 無償サービス 安心の1年点検【業界初】 | → | サクセス 3年定期の オーバーフォール | → | サクセス 3年定期の オーバーフォール | → |

| ボックス1年保証期間 | → | ボックスドライヤー 3年定期の オーバーフォール | → | ボックスドライヤー 3年定期の オーバーフォール | → |

Table

| 油圧式テーブル3年動作保証期間【業界初】 | → |

保証期間が終了した後も、ドリームの安心のアフターサポート(メンテナンス及び修理)。
より長く、より快適にドリーム製品をご使用頂く為のアフターケアです。

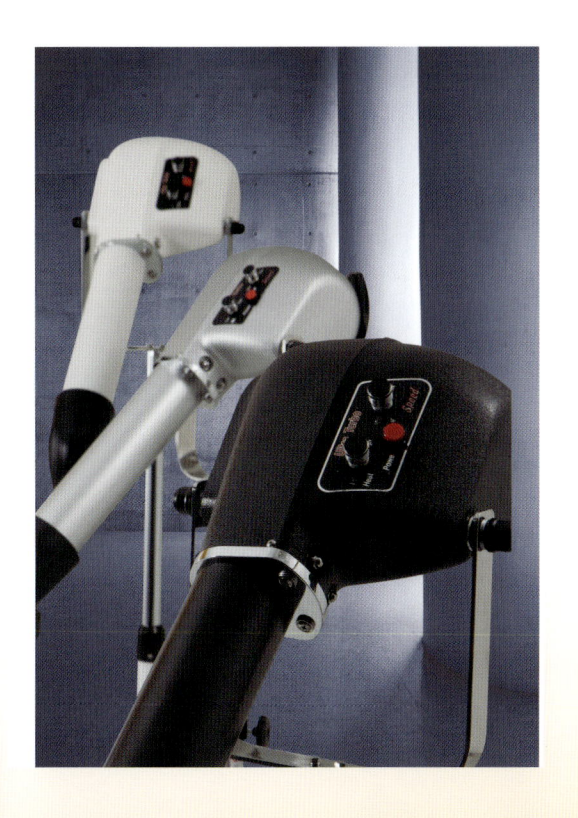

Dream 株式会社 ドリーム産業

事業本部　〒640-0112　和歌山市西庄 472-1　TEL 073-451-0012　FAX 073-451-0017
配送センター　〒640-0112　和歌山市西庄 1150-1
東京事務所　〒105-0001　東京都港区虎ノ門 1-14-1
　　　　　　郵政福祉琴平ビル 1F　TEL/FAX 03-5510-4560

URL http://www.dreamsnet.com　E-mail info@dreamsnet.com

新発売

マイクロバブル発生装置
Dream-V

マイクロバブルは皮膚表面から毛穴の奥の汚れまでやさしく取り除き、余分な皮脂や角質、さらにノミ・ダニ等も一緒に水面まで浮上させます。
発生したマイクロバブル（50μm以下）は、弾ける時に小さな衝撃が発生します。
その結果、入浴中の肌の表面で破裂すると、老廃物や皮脂などが剥離し、肌や毛がきれいになります。さらに、小さな泡は縮小し、皮脂・被毛に浸透するので毛並がふわっと仕上がります。

特長

1. タイマー機能
運転時間切替スイッチを押す毎に数字が10分単位で運転時間を設定できます。

2. お知らせ音
残りの運転時間が、約2分間になると "ピッピ、ピッピ" と電子音を発します。

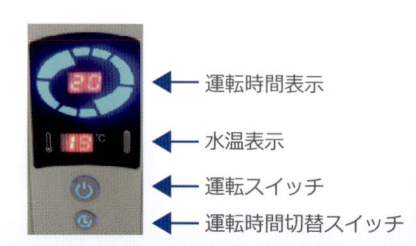

3. 逆洗機能
マイクロバブル発生の運転が停止後、メインポンプは停止せず装置内の残留水を排出し逆洗浄します。

4. Dream-V 専用のビニールカバー

5. コンパクトで軽量

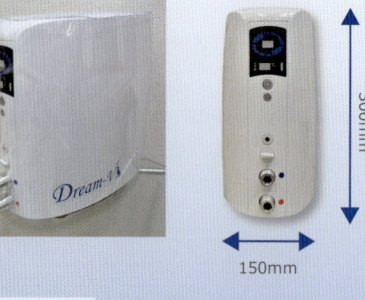

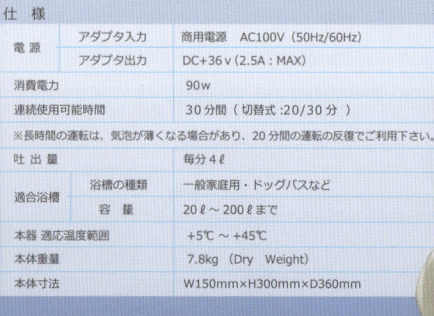

← 運転時間表示
← 水温表示
← 運転スイッチ
← 運転時間切替スイッチ

300mm
150mm

仕様

電源	アダプタ入力	商用電源 AC100V（50Hz/60Hz）
	アダプタ出力	DC+36v（2.5A：MAX）
消費電力		90w
連続使用可能時間		30分間（切替式:20/30分）
※長時間の運転は、気泡が薄くなる場合があり、20分間の運転の反復でご利用下さい。		
吐出量		毎分4ℓ
適合浴槽	浴槽の種類	一般家庭用・ドッグバスなど
	容量	20ℓ～200ℓまで
本器 適応温度範囲		+5℃～+45℃
本体重量		7.8kg (Dry Weight)
本体寸法		W150mm×H300mm×D360mm

あわせて おすすめ

持続型 オゾン水
● 様々な優れた効果 ●
殺菌・脱臭・漂白の効果

● 人や環境にやさしい殺菌機能水 ●
残留性がなく
自然分解もされやすい

動物医療のトータルネットワーク
株式会社 ヒューベス
〒350-1317 埼玉県狭山市水野432-4
tel: 04-2935-7644 ・ fax: 04-2935-7645
e-mail: info@huves.co.jp

URL:http://www.huves.co.jp

Schesir NATURE FOR DOG
シシア

新鮮素材の「最高級部位」だけを厳選使用《イタリアンレシピ》
素材の旨味香る 絶品プレミアムミート

HACCP(ハサップ)認証取得

Italy

100%ナチュラル ウエットフード
無添加・無着色・防腐剤不使用 【一般食】

No.1 ITALIAN Brand in EUROPE
No.1イタリアンブランドinヨーロッパ

ゼリータイプ 消化しやすく&水分が摂りやすい。ビタミン・ミネラル豊富。
ツナ／チキン&ビーフ／チキン&アロエ など

マルチパック 使い切りサイズセット

フルーツタイプ ビタミンなどの栄養素豊富で免疫力を高めます。ツナやチキンとフルーツのコンビネーション。
- 酵素・繊維などの栄養豊富
- 肝臓・消化・尿機能健康サポート
- 排泄物の臭いを抑える
- 嗜好性抜群

チキン&パパイヤ／チキン&アップル など

《猫用》全21種類　《犬用》全10種類 発売中

NUTRIPE ニュートライプ
New Zealand

愛犬が泣いて喜ぶ！ 肉食性の犬本来の正しい食事

- グリーンラムトライプ
- ラム&グリーンラムトライプ
- サーモンとチキン&グリーンラムトライプ
- ベニソンとラム&グリーンラムトライプ

トライプとは反すう動物がもつ4番目の胃の事。内容物ごと刻んだものがグリーントライプです。穀物不使用・高い嗜好性&栄養価で健康な身体をサポート。合成保存料・酸化防止剤・人工着色料・人工香料は一切不使用です。

Dr.Clauder's THE PET SPECIALISTS
ドクタークラウダー
GERMANY

ドイツより、獣医師Dr.クラウダーが開発した「ヘア&スキンケア」&「アロマグッズ」新発売。

サーモンオイル 皮膚・被毛・血液等の健康をサポート　100%天然サーモンオイル　オメガ-3脂肪酸含有

キャットニップロックスプレー コミュニケーションに。元気のない時・ストレス解消に。おもちゃや爪とぎにスプレー。合成香料・着色料・防腐剤不使用。

セレクトミート 腸内環境・皮膚&被毛の健康をサポート　プレミアム・ナチュラル・ウエットフード。プレバイオティクス機能とオメガ3含有。

U.S.A
in プレミアムサプリメント「イン」
スキンケアに「イン」／ジョイントケアに「インハンサー」
わかりやすいコミックカタログもご用意しております。
セラミックボウル／PVCマット
ルーニーテューンズ 人気キャラクターグッズ
TM & © Warner Bros. Entertainment Inc.(s14)

England THE COMPANY OF ANIMALS
驚異のしつけ！ ペットコレクター
無臭・無害の強烈な噴射音でペットの望ましくない行動をトレーニング。
200ml／50ml
イギリスの動物行動学者Dr.ロジャー考案

Sweden Nina Ottosson
ドッグ・ブリック／プチ・ピラミッド
ニーナ・オットソン考案・知育トイ

Italy MY FAMILY
120種類・名入れ可能
イタリア・ハンドメイドのペンダント

Italy Iv SAN BERNARD イブ・サン・ベルナルド
フルーツ オブ ザ グルーマー
ナチュラル・シャンプー。世界のプログルーマーが推奨。

Denmark KRUUSE
ドッグメイズ
食事の時間を長くできる知育グッズ

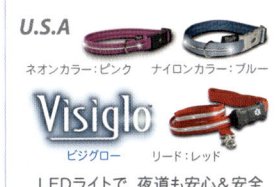

U.S.A Visiglo
ネオンカラー:ピンク／ナイロンカラー:ブルー／リード:レッド
LEDライトで、夜道も安心&安全

Italy ferplast ファープラスト
アトラスDX オープン
オールペット向け最高級イタリアブランド

Japan Thales
microbubble wash system
ミクロの泡でスキンケア「マイクロバブル」

Japan JFA
2014ブラジルW杯応援　SPORTY TRAINING
サッカー日本代表チームモデル
ボールを転がすとおやつがでる知育トイ

Japan FANTASY WORLD
Sweet Heart
大好評の多機能カートがリニューアル！
ディア・スイートハートカート
こだわりのオリジナルブランド

OVEN-BAKED TRADITION オーブン・ベークド トラディション
Canada

独自のオーブン調理でオールナチュラル原料。
香り・風味を閉じ込めた完全栄養ホリスティックフード。
ゆっくりと時間をかけたベーキング製法
従来製法の10倍の時間をかけて丹念に調理。香り・風味・栄養分を保持。

コミックカタログもご用意

- for Dog フィッシュ／ラム&ブラウンライス
- for Dog グレインフリー【穀物不使用】チキン／フィッシュ
- for Cat グレインフリー【穀物不使用】チキン／フィッシュ
- トリート ベーコン／デンタル／ピーナッツ／レバー

ほかにも、パピー、アダルト・チキン、シニアなど

※製造元のバイオビスケット社はHACCPの認可を受けております。HACCPとは人間の食品衛生管理システムで、人間が食する品質と同等のレベルです。AAFCO（アメリカ飼料検査官協会）適合品でもあります。アレルギー不安のある原料（小麦・大豆・とうもろこし）、牛肉不使用、無添加無着色。

FANTASY WORLD®　www.fanta.co.jp　ファンタジーワールド　検索

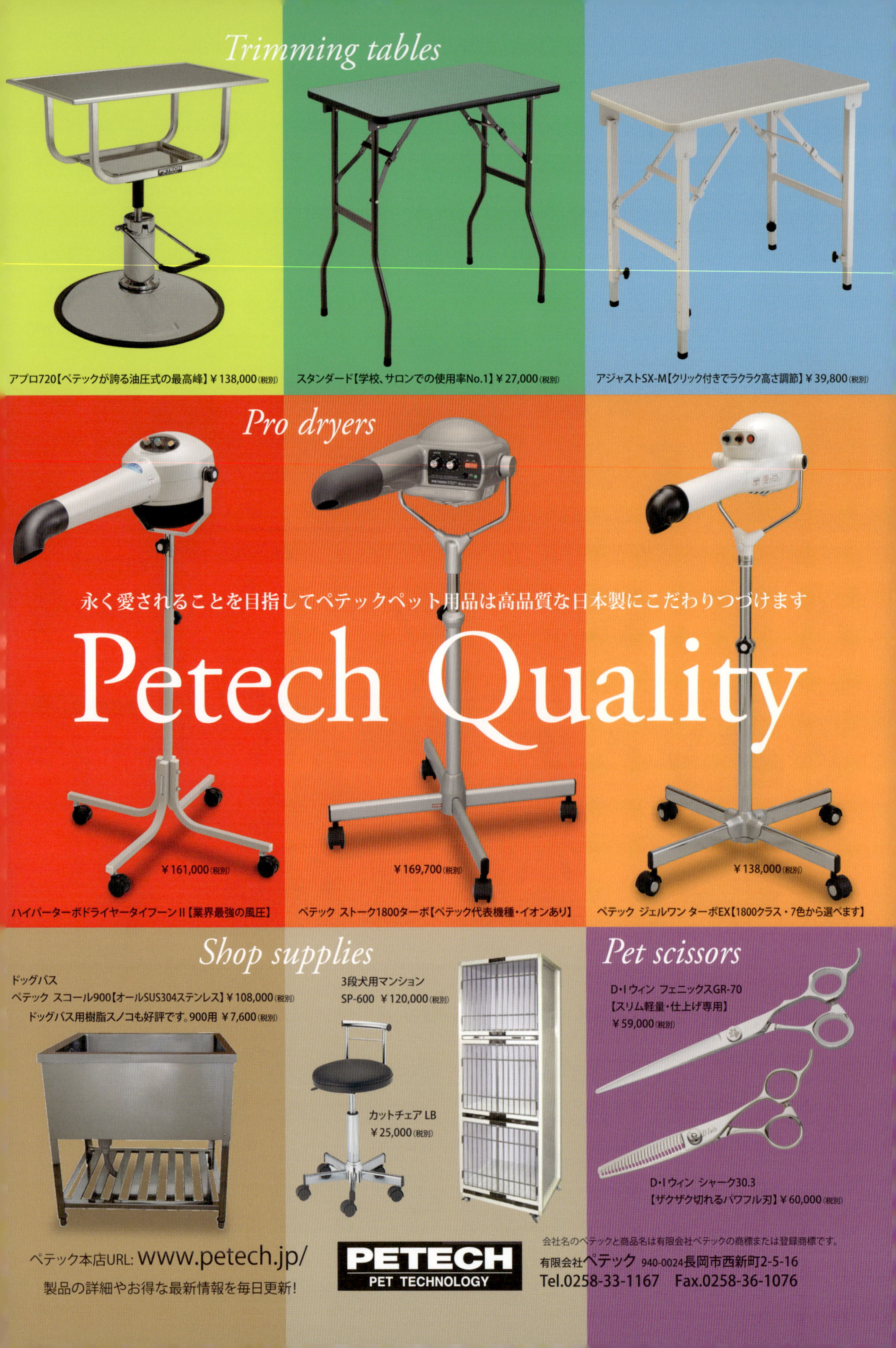

Trimming tables

アプロ720【ペテックが誇る油圧式の最高峰】¥138,000（税別）

スタンダード【学校、サロンでの使用率No.1】¥27,000（税別）

アジャストSX-M【クリック付きでラクラク高さ調節】¥39,800（税別）

Pro dryers

永く愛されることを目指してペテックペット用品は高品質な日本製にこだわりつづけます

Petech Quality

¥161,000（税別）
ハイパーターボドライヤータイフーンII【業界最強の風圧】

¥169,700（税別）
ペテック ストーク1800ターボ【ペテック代表機種・イオンあり】

¥138,000（税別）
ペテック ジェルワン ターボEX【1800クラス・7色から選べます】

Shop supplies

ドッグバス
ペテック スコール900【オールSUS304ステンレス】¥108,000（税別）
ドッグバス用樹脂スノコも好評です。900用 ¥7,600（税別）

3段犬用マンション
SP-600 ¥120,000（税別）

カットチェア LB
¥25,000（税別）

Pet scissors

D・Iウィン フェニックスGR-70
【スリム軽量・仕上げ専用】
¥59,000（税別）

D・Iウィン シャーク30.3
【ザクザク切れるパワフル刃】¥60,000（税別）

ペテック本店URL: **www.petech.jp/**
製品の詳細やお得な最新情報を毎日更新！

PETECH PET TECHNOLOGY

会社名のペテックと商品名は有限会社ペテックの商標または登録商標です。
有限会社ペテック　940-0024 長岡市西新町2-5-16
Tel.0258-33-1167　Fax.0258-36-1076

主要犬種の スタンダード・スタイル

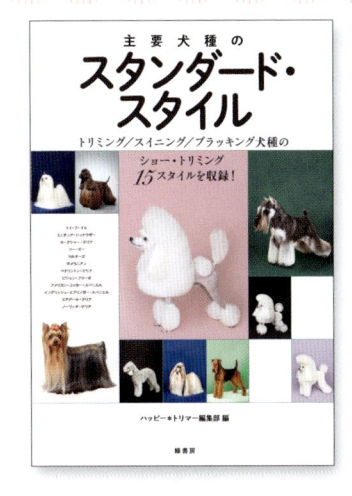

ハッピー＊トリマー編集部 編
A4判　160頁　オールカラー　定価：本体3,800円（税別）　ISBN978-4-89531-375-9

トリマーが知っておくべき
主要なトリミング／スイニング／
プラッキング犬種のショー・トリミング
12犬種15スタイルを収録した
画期的なビジュアルテキスト

❀ 一流講師陣の丁寧なレクチャーとカットの詳細を、美しい連続写真で細部にわたって解説

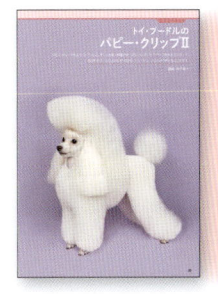

2016年から
国内のドッグ・ショーへの
出陳が認められた、
プードルの「パピー・クリップⅡ」
も収録

コンテンツ

トイ・プードル　コンチネンタル・クリップ／イングリッシュ・サドル・クリップ／パピー・クリップⅡ／パピー・クリップ／ケネル＆ラム・クリップ

ミニチュア・シュナウザー／ヨークシャー・テリア／シー・ズー／マルチーズ／ポメラニアン／ベドリントン・テリア／ビション・フリーゼ／A・コッカー・スパニエル／E・スプリンガー・スパニエル／エアデール・テリア／ノーリッチ・テリア

株式会社　緑書房
〒103-0004　東京都中央区東日本橋3-4-14 OZAWAビル
販売部　TEL.03-6833-0560　FAX.03-6833-0566
webショップ　https://www.midorishobo.co.jp

愛されトリミング & ペット・カット

著：鈴木雅実（JKCトリマー教士・犬種群審査員、SJDドッググルーミングスクール代表）

「愛されスタイル」のスペシャリストが、ベイジングから
カットのコツ・テクニック、犬種ごとのおすすめスタイルを紹介。

飼い主さんに喜ばれるスタイリングが必ずできるようになります！

A4判　144頁　オールカラー
定価：本体 3,800円（税別）
ISBN978-4-89531-359-9

愛されスタイル 基礎テクニック

鈴木雅実式トリミングの"土台"をレクチャー！

- ベイジング
- クリッパー・ワーク
- ハサミのトレーニング など

愛されスタイルってどんなもの？

- イラストで見る「愛されスタイル」の基本
- 「愛され顔」の作り方
- 愛される体型カバー術

愛されスタイル 実演指導！

- プードル（3スタイル）
- M・シュナウザー
- シー・ズー
- A・コッカー・スパニエル（2スタイル）
- ヨークシャー・テリア
- ポメラニアン
- マルチーズ
- ペキニーズ

手順を詳しくていねいに解説！

株式会社 緑書房

〒103-0004　東京都中央区東日本橋3-4-14 OZAWAビル
販売部　TEL.03-6833-0560　FAX.03-6833-0566
webショップ　https://www.midorishobo.co.jp

監修

株式会社サスティナコンサルティング
動物病院・ペットサロン専門の経営コンサルティング会社。短期的な売り上げ増加だけでなく永続して発展するための経営サポートを、DM作成などの現場レベルから成長戦略の立案まで幅広く行う。
http://f-snc.com

執筆者紹介

藤原慎一郎
株式会社サスティナコンサルティング代表取締役。2001年より動物病院などのペット関連業界におけるコンサルティングを開始。2011年に株式会社サスティナコンサルティングを設立。「動物病院経営実践マニュアル」「動物病院チームマネジメント術」(チクサン出版社)などの著書があるほか、各学会での講演実績も多数。

北野哲也
株式会社サスティナコンサルティング チーフコンサルタント。2004年からトリミングサロンなどのペットケアサービス、動物病院のコンサルテーションを行う。小規模なサロンや病院でも可能な販促手法や現場ですぐに実践できるツール、仕組み作りを手がける。『ハッピー*トリマー』vol.58～66(2012年11月～2014年3月)にて「難しくない! わかりやすい! サロン的経営学」を執筆。

古屋敷純
株式会社サスティナコンサルティング コンサルタント、社会保険労務士。大手鉄道会社で9年間、主として人事関連の業務に従事し、人事トラブル対応、社員管理、クレーム対応などを実践。ペットサロンや動物病院の労務問題にも精通している。

伊藤享
株式会社伊藤享設計工房代表取締役、一級建築士、(公社)日本建築家協会登録建築家。
愛知県名古屋市を拠点に、全国各地で動物病院・動物病院併用住宅、ペットサロン等の設計監理業務に携わる。マーケット分析から資金・事業計画、税務・法務相談まで、トータルでのバックアップを行う。
http://www.ito-arc.jp

2014年4月現在

※「開業サロン訪問」File1～8(6～21ページ)は、『ハッピー*トリマー』本誌vol.37～44(2009年5月～2010年5月)掲載の「十人十色のサロン開業」を転載しています。

トリマーのための
ペットサロン開業・経営マニュアル
2014年4月20日　第1刷発行
2022年6月15日　第2刷発行 ©

監修者	株式会社サスティナコンサルティング
発行者	森田浩平
編集	『ハッピー＊トリマー』編集部
発行所	株式会社緑書房
	〒103-0004
	東京都中央区東日本橋3丁目4番14号
	TEL 03-6833-0560
	https://www.midorishobo.co.jp/
印刷所	広済堂ネクスト

落丁・乱丁本は弊社送料負担にてお取り替えいたします。
ISBN 978-4-89531-162-5
Printed in Japan

JCOPY ＜(一社)出版者著作権管理機構 委託出版物＞

本書を無断で複写複製(電子化を含む)することは、著作権法上での例外を除き、禁じられています。本書を複写される場合は、そのつど事前に、(一社)出版者著作権管理機構(電話03-5244-5088、FAX03-5244-5089、e-mail:info@jcopy.or.jp)の許諾を得てください。
また本書を代行業者等の第三者に依頼してスキャンやデジタル化することは、たとえ個人や家庭内での利用であっても一切認められておりません。

カバー・本文デザイン／野村道子(bee's knees-design)
イラスト／中島慶子